湧水の見られる場所（Q1，Q5，T3，T10）

口絵１　溶結することで透水性が低下した溶岩層の上位にある溶岩層から湧出する湧水（白糸の滝（静岡県富士宮市））

口絵２　海岸で淡水レンズ末端から地下水が湧出している例（青森県東津軽郡外ヶ浜町）

口絵３　崖下から地下水が湧出している例（お鷹の道・真姿の池湧水群（東京都国分寺市））［昭和の名水百選］

口絵４　湧出した地下水が集まり小川となって流れ出す湧水（ヒャーカーガー（沖縄県宜野湾市））

鍾乳洞（T2）

口絵５　玉泉洞（沖縄県南城市）
炭酸カルシウムで飽和した地下水が繰り返し滴下し，これにより形成された鍾乳石

温泉水の湧出（Q10，T6）

口絵６　雲仙地獄の沸騰泉（長崎県雲仙市）
火山活動に由来する高温の噴気や熱水が地表に噴出している

口絵７　白川鉱泉における炭酸水の湧出（大分県由布市）

口絵８　別府温泉龍巻地獄の間欠泉（大分県別府市）

いろいろな井戸（Q12）

口絵９　掘り井戸の例（千葉県流山市）

口絵10　つるべ井戸（はねつるべ井戸）の例（奈良県奈良市　東大寺二月堂下）お水取り（修二会）に合わせて２月中旬～３月中旬のみ組み立てられる

口絵11　浅井戸（石積井戸）の例
孔壁に石積みしながら掘削された井戸

口絵12　新町の大井戸（東京都青梅市）
すり鉢状に砂礫層に穴を掘り，底に掘られている井戸（穴の比高差は約６ｍで井戸の深さは約15m）

井戸を掘る方法（Q13）

口絵13　上総掘りの用具（千葉県君津市）

口絵14　機械掘り（ロータリー式）

自噴井（Q14）

口絵15　うちぬき（加茂川左岸うちぬき公園）（愛媛県西条市）［昭和の名水百選］

口絵16　自噴井（名水大手いこ井の泉）（岐阜県大垣市）

湧水を分けて利用するための分水施設（Q18）

口絵17　滝の頭湧水の円形分水工（秋田県男鹿市）

口絵18　三分一湧水（八ヶ岳南麓高原湧水群（山梨県北杜市））
［昭和の名水百選］

地下水の熱の利用（地中熱利用）（Q18，Q22）

口絵19　地中熱利用におけるヒートポンプ屋外設置例（10kW 級）
手前は配管・計装設備

地下ダム（Q23）

口絵20　地下ダムの下流側の止水壁（沖縄県宮古島市　福里地下ダムの見学施設）止水壁の右側の帯水層に地下水を貯水

観光名所となっている湧水（Q28）

口絵21　池山水源（熊本県阿蘇郡産山村）［昭和の名水百選］

口絵22　白川水源（熊本県阿蘇郡南阿蘇村）［昭和の名水百選］

口絵23　羊蹄山のふきだし湧水（北海道虻田郡京極町）［昭和の名水百選］

口絵24　柿田川湧水群（静岡県駿東郡清水町）［昭和の名水百選］

人名や湧水の形態に由来して名付けられた湧水や井戸（Q30）

口絵25　明治神宮の清正井（東京都渋谷区）

口絵26　五本樋《ごほんどよ》(山形県西村山郡朝日町)

信仰と関わりのある湧水や地下水（Q31）

口絵27　伊太祁曽神社の御井社《みいしゃ》・いのちの水（和歌山県和歌山市）

口絵28　大山阿夫利神社の大山名水「神泉」（神奈川県伊勢原市）

地盤沈下の痕跡（Q39）

口絵29　地盤沈下による抜け上がり井戸（東京都葛飾区）

地震による湧水への影響（Q41）

口絵30　2016年の熊本地震（M7.3）後に湧出した赤水型地下水

豪雨時に生じた崩壊地（Q43）

口絵31　2018年7月の豪雨による小名トンネル西側坑口の斜面崩壊地（愛媛県宇和島市）

災害時に役立つ防災井戸（Q44）

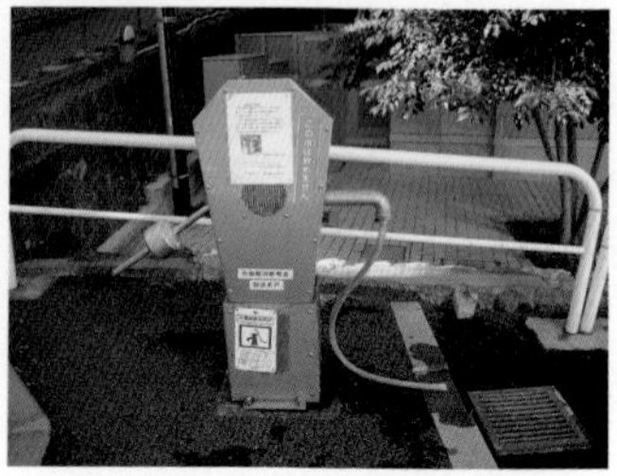

口絵32　防災井戸（東京都新宿区）

みんなか

地下水・

50

公益社団法人　日本地下水学会

成山堂書店

はしがき

水は，私たち人類の生存にとって不可欠なものであり，また，私たちの周りを取り巻く環境を構成する重要な要素の一つです。その中で，地下水は，私たちの足元の地下を極めてゆっくりと流れていくという特徴を持つため，湧水や井戸などでは，その存在を知ることができますが，多くの場合，それほど意識されないのではないでしょうか。特に，私たちの生活が極めて豊かになり，水道や下水道等の発達を通し，水の由来や行く末を考える機会が少なくなってきた最近では，地下水の存在は，私たちの生活から，さらに遠くなっているのかもしれません。

本書では，地球表層における水循環の中の地下水という科学的な観点から始まり，地下水の利用や保全に関わる政策や法律・条例，地下水・湧水と文化・信仰，災害時における地下水利用の可能性といった幅広い内容が，平易な表現を用いて紹介されています。その中には，地震に伴う地下水の挙動に関する最新の成果や，今後，社会において考えることが必要となる地下水のよりよいマネジメントといったトピックも含まれています。したがって，50 の項目の中に，興味を持つものがきっと見つけられるものと思います。まずは，そのような項目をご覧になり，そのうえで，周辺の項目についても読み進めてみてはいかがでしょうか。その結果，地下水が持つ奥深さとともに，地下水が私たちの生活に強く関わっているということについて，理解を深めていただけることでしょう。もちろん，最初から読んでいくという読み方もあります。

本書は，公益社団法人日本地下水学会の60周年記念事業の一つとして企画されたものです。この企画が，地下水に関して少しでも興味を持っていただくことにつながれば，それは，大変に素晴らしいことだと感じています。地下水に限らず，日本には，今でも，自然環境と強い関わりを持った生活があります。そこでは，自然の恵みを享受する機会とともに，自然がもたらす災害を被るということもあります。地球環境が大きく変化しているといわれる現在，また，私たち人類の生活も常に変化する中，本書を読むことを通し，今一度，私たちと自然との関連を考える機会として，楽しみながら知識を深め，考えるきっかけとしていただければと思います。

2020年6月

公益社団法人　日本地下水学会
代表理事・会長　徳永　朋祥

執筆者一覧（五十音順，＊は著編者）

愛知　正温	Q39
浅井　和由	Q32/T1
＊井川　怜欧	Q3
石田　聡	Q23/T3
板寺　一洋	Q10
浦越　拓野	Q40
蛯原　雅之	Q47
遠藤　崇浩	Q44
小野　昌彦	Q7
利部　慎	Q14/Q18
片山　泰樹	Q11
小泉　尚嗣	Q42
＊五藤　幸晴	Q24/Q25/Q26/T10
齋藤　光代	Q37
＊島野　安雄	Q28/Q31/T4/T5/T6/T7
竹内　真司	Q16
谷口　真人	Q38
千葉　知世	Q45/Q49/Q50
徳永　貴大	Q8
＊中島　誠	Q19/Q33/Q34/Q35/Q36/Q48
中谷　仁	Q43
長谷川智史	Q12/Q13
長谷川琢磨	Q4
林　武司	Q5/Q6/Q9
古川　正修	Q17
細野　高啓	Q41

＊町田　功 ……… Q2/Q15
丸井　敦尚 ……… T2/T9
宮越　昭暢 ……… Q38/Q44
藪崎　志穂 ……… Q20/Q29/Q30
＊山中　勝 ……… Q1/T8
吉岡　真弓 ……… Q21/Q22
吉澤　拓也 ……… Q46
吉田　広人 ……… Q27

編集委員一覧

委員長：島野　安雄

委　員：中島　誠，井川　怜欧，五藤　幸晴，町田　功，山中　勝

本文に掲載している写真で特に表記のないものは，その項目の執筆者提供，撮影によるものです。

人名や湧水の形態に由来して名付けられた湧水や井戸（Q30）

口絵25　明治神宮の清正井（東京都渋谷区）

口絵26　五本樋《ごほんどよ》（山形県西村山郡朝日町）

信仰と関わりのある湧水や地下水（Q31）

口絵27　伊太祁曽神社の御井社《みいしゃ》・いのちの水（和歌山県和歌山市）

口絵28　大山阿夫利神社の大山名水「神泉」（神奈川県伊勢原市）

地盤沈下の痕跡（Q39）

口絵29　地盤沈下による抜け上がり井戸（東京都葛飾区）

地震による湧水への影響（Q41）

口絵30　2016 年の熊本地震（M7.3）後に湧出した赤水型地下水

豪雨時に生じた崩壊地（Q43）

口絵31　2018 年 7 月の豪雨による小名トンネル西側坑口の斜面崩壊地（愛媛県宇和島市）

災害時に役立つ防災井戸（Q44）

口絵32　防災井戸（東京都新宿区）

みんなが知りたいシリーズ⑬

地下水・湧水の疑問 50

公益社団法人　日本地下水学会　編

成山堂書店

目　次

金沢清水（座頭清水）（岩手県八幡平市）［昭和の名水百選］

Section 1 地下水・湧水のきほん

下江津湖湖畔の自噴井（熊本県熊本市）
［平成の名水百選（水前寺江津湖湧水群）］

滝の頭湧水地水源（秋田県男鹿市）

地下水とはどのようなものですか？

Question 1

Answerer 山中　勝

地下水とはどんな水？

皆さんは「地下水ってどんな水？」と尋ねられたとき，どのように答えるでしょうか？ 「そんなの簡単！ 地下にある水が地下水」と答えるかもしれません。確かに地下水は地下にある水なのですが，もう少し細かく区分した方が便利です。以下では地下にある様々な水について説明します。

地下水とはどのようなものか

地下にある水には，大きく地下水と土壌水があります。両者の違いを知るためには，水が地下でどのような状態にあるのかを理解する必要がありますので，**図 1-1** で見ていきましょう。

地下にある水には，砂・礫《れき》などの粒子の間を完全に満たしている状態のものと，粒子間に水と空気が含まれている状態のものがあります。前者のような状態の水を地下水，後者の水を土壌水と呼びます。また，この二つの境界面，すなわち地下水の上端面を地下水面といいます。この地下水面は崖などで地表に現れる（地表面と交差する）ことがあります。このような場所では地下水が地表に湧き出す形となり，これを湧水と呼びます（Q5 参照）。富士山麓にある有名な白糸の滝（**口絵 1**）はこの一例です。なお，地下水面よりも下の領域は地下水で満たされていますので，飽和帯と呼ばれます。これに対して地下水面より上は不飽和帯や通気帯と呼ばれます。

地下水の“入れ物”としての“地層”

では，地下水面より下にある地下水はすべて汲み上げて利用

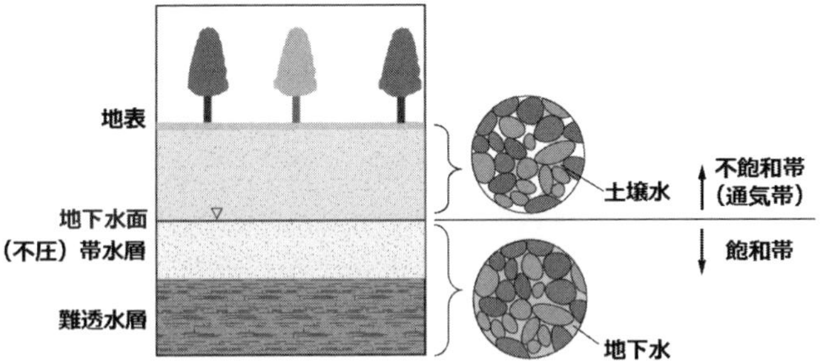

図 1-1　地下の水の状態を表す概念図（帯水層と難透水層，飽和帯と不飽和帯，地下水面）

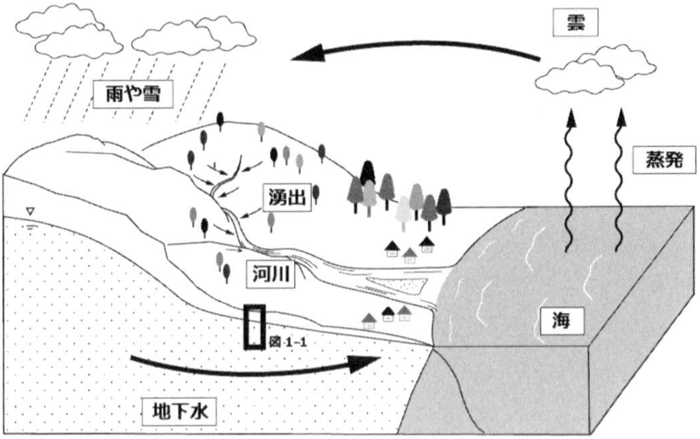

図 1-2　水循環の模式図
四角で囲まれた部分を拡大したものが図 1-1 です。

できるのでしょうか？　残念ながらそうではありません。利用できるかどうかは，地下水が地下のどのような入れ物，すなわち，どのような地層中に存在するかで決まります。

端的にいえば，礫や砂など堆積物の粒子が比較的大きい地層中にある地下水は利用できますが，粘土など小さい粒子の地層中に存在するものは利用できません。その地層に存在する地下水が利用できるかという観点から，礫層・砂層などを帯水層，粘土層などを難透水層と呼びます。帯水層にある地下水は粒子の間隙をスムーズに流れることができるのに対して，難透水層は地下水で飽和しているのですがその名の通り地下水をほとんど通しません。

水循環の中の地下水

では，もう少し広い視野から地下水を見てみましょう。地下水はどのようにもたらされ，またどこに向かうのでしょうか？**図 1-2** は地球上における水の動きを示した図です。地下水は主に地表に降り注いだ雨や雪が地中に浸透することによってできます。このプロセスを地下水涵養《かんよう》と呼びます。これら雨や雪をもたらす水を遡《さかのぼ》れば雲（水蒸気）であり，さらに遡れば蒸発が起こる前の海水といえるでしょう。一方で，地下水はとてもゆっくりとですが低い方へと流れており，この水は最終的に海へと戻っていきます。このように水（水蒸気も含む）は海を起点として地球表層を大規模に循環しており，これを水循環といいます。

この水循環はなぜ起こるのでしょう？　これは太陽エネル

ギーが海水からの蒸発を生じさせることで起こります。さらにこの蒸発は海水から塩分を取り除き，真水（淡水）を作り出すプロセスでもあります。このプロセスを経た淡水は我々の生活に不可欠な極めて重要な資源となります。地下水は我々が利用できる淡水の中で最大の割合を占めるものなのです（Q3参照）。ですから，地球上でこのような大きな水の循環が起こることによってはじめて，我々の日々の生活は成り立っているともいえるでしょう。

　では，早速この貴重な水資源である地下水・湧水の疑問について一つ一つ見ていきましょう。

地下水はどこから来て，どう流れているの？

Question 2

Answerer 町田　功

流域とは？

地下水の源となっているのは主に雨（あるいは雪）です。それでは，皆さんの足下にある地下水の源は，どこに降った雨なのでしょうか。実は地下水は非常に遅いながらも流れており，ある地点に降った雨がその地点の真下の地下水になっているとは言いきれないのです。そうは言っても北海道や九州に降った雨が東京の地下水になっているわけではありません。皆さんが使っているほとんどの地下水は，**図 2–1** で示したような流域内に降った雨が源になっています。地質構造にもよりますが，流域は地形的な高所で囲まれた領域だと考えてください。これは盆地を想像すると分かりやすいと思います。盆地は周囲を山で囲まれていて，その内側に平野部があります。この山の稜線（地形的な分水嶺）の内側が流域です。流域では，河川などの地表水が山地から平野に集まってきますが，これは地下水も同様で，山から平野部に向かって流れています。そして平野部に集まってきた地下水は，流域内を流れる川に流れ出ています（これを流出といいます）。面白いことに，山側でいったん下に向かって流れた地下水は平野部の川のそばでは上向きに流れています。大きな川の水が浸み込んでいって，なくなってしまわない理由もこの図から説明できます。平野部を流れる多くの川の水面は，**図 2–1** のように地下水面とつながっています。川は地下水の出口になっているので，川の水が下に抜けていくといったことは起こらず，逆に少しずつ河床から川に水が浸み出しているのです。

流域の考え方は正しい地下水の利用量を考える上で非常に大

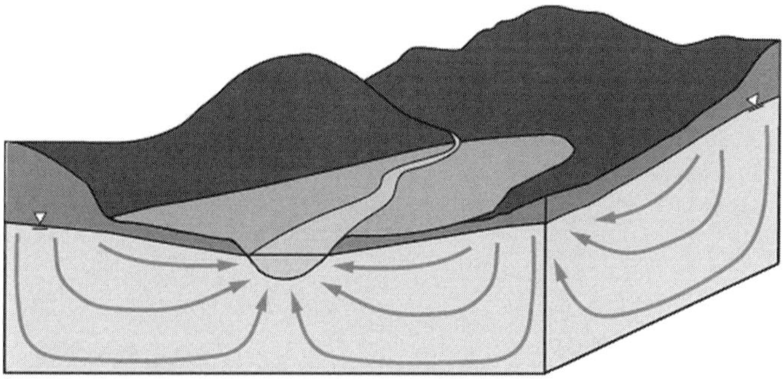

図 2-1　流域内の地下水の流れを表した概念図
流域内で涵養された地下水は標高の低い平野部に向かい，いずれ川に流出します。

切です。流域内の地下水は，地下の土粒子の間隙中にたまっており（**Q1 参照**），雨が地面に浸透して補充されています。そのため，ある流域から補充量以上の地下水を汲み続けてしまうと，もともとの地下水の量が徐々に減っていってしまいます。これについてはまた別のページで解説します（**Q8 参照**）。

地下水の大きな流れ

今，流域内での地下水の流れについての解説をしましたが，流域内のすべての地下水が川に流出するわけではなく，そのうちの一部はより深層に向かって流動していきます。このような地下水は流域の外に流れていきます。そこで，本節ではより広いスケールで地下水を眺めてみましょう。**図 2-2** は陸から海にかけての地下水面と地下水の流れを示しています。**図 2-2** は少々複雑ですが，四角の枠内が一つの流域（例えば**図 2-1**）に対応すると考えてください。例えば日本の脊梁山脈から日本海あるいは太平洋に至るまでには，盆地のような流域はいくつも存在します。それを表現するために，この図でも標高の高いところから低いところにある，複数の流域が描かれています。

まずは，前節で説明していなかった地下水面の形について見てみましょう。普通，地下水面はかなり平坦に近く，狭い範囲だけを見ればほぼ水平です（そのため**図 1-1** では水平に描かれています（**Q1 参照**））。しかし広いスケールで見ると地下水面は地形に沿ってわずかに傾いており，山地で高く，平野では低くなっており，海岸付近では海水準に近い，ほぼ 0 m になります。例えば東京都の青梅市周辺から飯田橋周辺までの地下水面は，飯田橋方向に向かって下がっており，その傾きは 3.5/1000 程度です[1]。すなわち，距離 1 km に対して，陸側から海側に向かって地下水面の高さが 3.5m 程度下がっています。山地ではこの傾きがやや大きくなり，富士山のふもとの富士市周辺では約 30/1000 となります[2]（この地下水面の傾きを動水勾配といいます）。この値は地形の勾配と比較して非常に小さいといえます。

さて，地下水の流れについてですが，**図 2-2** を見ると**図 2-1** の地下水の流れがいくつか組み合わさっていることが分かります。ある流域にて涵養《かんよう》された地下水は，一定深度まで潜りますが，低地部で川に流出するために上昇します。しかし，非常に標高の高い地域にもたらされた地下水はさらに深層に向かい（図の一番右側の矢印），やがて海に流出します。これはより広域の地形（大きなスケールでの流域）で見た場合の地下水の流れといえます。なお，地下水が下向きに流れている地域を涵養域，上向きの領域を流出域といい，このような大スケールから小スケールまでの地下水の動きを合わせて，地下水流動系といいます。地下水は好き勝手に流れているのではなく，大局

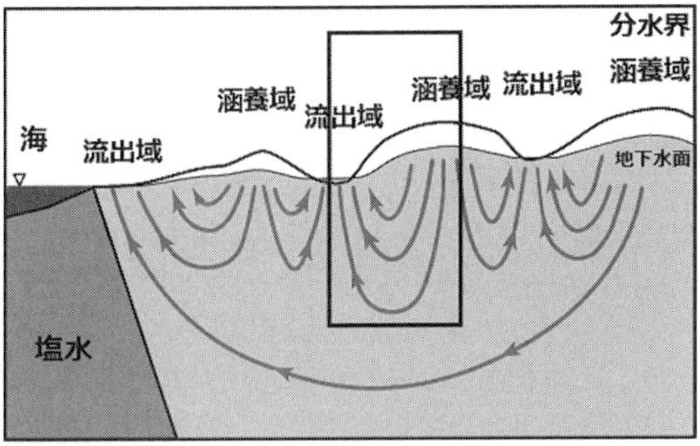

図 2-2　広いスケールで見た場合の地下水面と地下水流動
陸から海にかけての地下水面が描かれていますが，高さ方向にかなり誇張されていることに注意してください。図 2-1 で描かれている一つの流域は，図内の四角に該当します。また，この図では数～数百 m 程度の厚さの帯水層や難透水層（図 1-2 参照）は細かすぎて描けないため省略されています。

的には規則的に流れているのです。

参考文献
1）榧根 勇（2013）：地下水と地形の科学，講談社学術文庫．
2）小野昌彦・井川怜欧・町田 功・丸井敦尚・村中康秀・神谷貴文・大山康一・伊藤 彰（2016）：水文環境図 No.9「富士山」．産業技術総合研究所地質調査総合センター．

Topic 1　水なし川（水無川）

普段は水が流れておらず，降雨後や融雪のときだけ水が流れる川のことを水無川と呼びます。海外沙漠地帯で見られる水無川は「ワジ」や「アロヨ」と呼ばれます。水無川のでき方は，①雨の量より蒸発する量が多くて水がなくなる場合と，②透水性が高くて水が地下に浸み込む場合の二つに分けられます。日本は降水量が多い湿潤地域に位置するので，水無川の成因は後者になります。

日本では，新しい火山（第四紀火山）や南西諸島の島嶼そして扇状地の周辺に水無川が多く分布しています。火山を作る溶岩などの火山噴出物や南西諸島の島嶼を作る琉球石灰岩は，割れ目や間隙が多くて，水を貯留する能力が高いので，水は地表よりも地下を流れるようになります。また扇状地では水を通しやすい礫が堆積しています。特に扇状地の中央部では河床が高くなるほど礫が堆積し（天井川），地下に浸み込むことが容易になるので，河床を流れる水は次第に伏流して水無川になります（**図1**）。岐阜県の養老山地東側の扇状地では，河床が高くなった結果，天井川の下を道路や鉄道が通る，珍しい光景を見ることができます（**図2**）。

水無川は，水害とは無縁なように思われがちですが，勾配が大きい第四紀火山の水無川は豪雨の際に災害をもたらします。富士山の最大の放射谷である大沢川（**図3**）は，上流域に崩壊地（大沢崩れ）があ

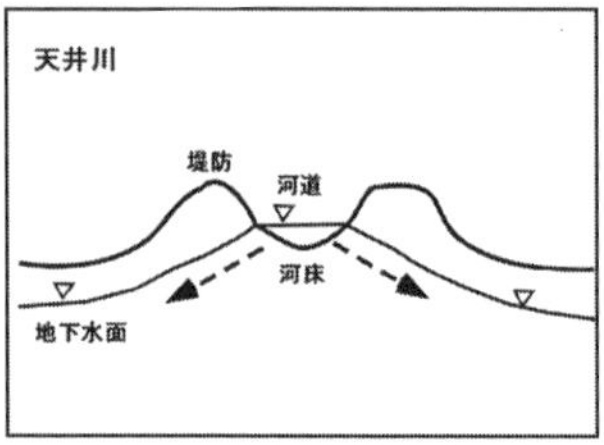

図1　失水河川の模式図

図2　天井川に掘られたトンネル

図3　富士山・大沢川

図4　雲仙岳・水無川

り，豪雨時や融雪出水時にしばしば土石流が発生します。また島原半島の雲仙岳東斜面から有明海に注ぐ水無川（**図4**，河川名も水無川）は，1990年代の雲仙普賢岳噴火時に，土石流や火砕流が流れ下って大きな被害を出しました。場所が変わりますが，普段，水不足で悩まされる沙漠地帯でも，ひとたび大雨になると洪水が発生し，多くの被害が出ることも報告されています。

一方，水無川の周辺は地下水の豊富な地域である，という見方もできます。普通の河川が常に下流側に水を排出しているのに対して，水無川では水を地下に貯めこんでいるからです。水無川のある扇状地の末端部には，「扇端湧水群」として多くの湧水や自噴井があり，多くの人々の生活を潤しています。皆さんも，水無川を発見したときは，浸み込んだ水がどこに流れていったのかを想像し，探索してみてはいかがでしょうか。

（浅井　和由）

地下水はどのくらいあるのですか？

Question 3

Answerer 井川 怜欧

地球上の水の量

地球は表面の約７割が水で覆われているため，水の惑星といわれています。地下水の量について考える前に，地球上にどのような水が存在するのかを考えてみましょう。

地球上にある水の総量は約 1.4×10^{21}kg といわれており[1]，海水などに代表される“塩水《えんすい》”と河川水や湖沼水などに代表される“淡水”とに分けられますが，大半が塩水です。**図 3-1** にそれぞれの水の存在割合を示します。淡水は地球上の水の約2.5％しかありません。さらにその中の約７割は氷河などの氷で，残りのうち河川水や湖沼水の量は極めて少ないので，人類が利用できる淡水の 99％が地下水ということになります。このように，地下水は我々人類が利用できる最大の水資源であり，この事実から地下水という水資源が我々にとっていかに重要なものであるかを理解できると思います。

地下水の利用量

地下水は世界で最も利用されている資源です。日本国内では，年間に利用されている約 800 億 m^3 の水資源のうち，地下水は 11％程度（89 億 m^3）と試算されています[2]。しかし，日本人はこれよりはるか多くの地下水を利用しています。それは海外から輸入される様々な工業用品や農作物の生産に多くの地下水が使われるためです。このように形を変えて日本に入ってくる水をバーチャルウォーターと呼びます。2005 年時点でのバーチャルウォーターの総量は約 800 億 m^3 で，これは日本における年間の水利用量と同じ値です[3]。またバーチャル

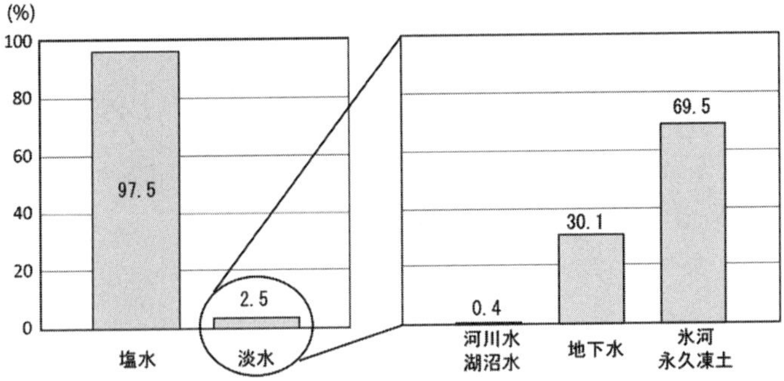

図 3-1　地球上の水の種類と割合[1]

ウォーターの大半は食料に関連するものです。日本の約40％という食料自給率（カロリーベース）は，言い換えると日本人が大量の海外の地下水を利用していることを示しています。

日本の地下水の量

Q1でも述べたように，ある地層を考えた場合，土粒子と土粒子には隙間があります。ある地層の体積に対する隙間の体積を間隙率といいます。礫《れき》や砂などの堆積物の粒子が比較的大きい地層や粘土などの粒子の小さい地層がありますが，0.3〜0.4が多いようです。そのため，理論上は地下水面の位置，帯水層の体積，間隙率を基に，地下水の量および増減量を算出することができます（**図 3-2**）。この考え方を用いて，日本全国で地下水がどのくらい貯蔵されているのか（地下水賦存量）が試算されており，およそ13兆 m^3 という結果になっています[4]。この計算では，ボーリング資料と統計解析により日本全国の地下地質構造と地下水面の位置を推定し，地下水面から中新統と呼ばれる地層までの地下水の量を求めています。この結果から日本には莫大な地下水が存在していることが分かります。

しかし，この地下水賦存量については２点ほど補足が必要です。一つ目は，地下水面は常に変動しているので，地下水賦存

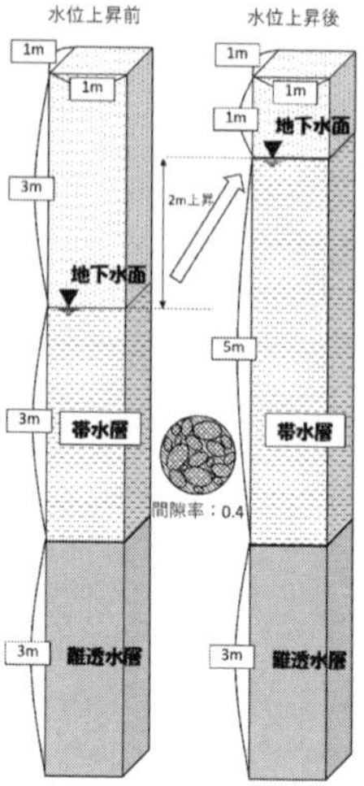

単位面積あたりの地下水の量の計算：(帯水層の体積)×(間隙率)
右図での計算例
水位上昇前の地下水量： (1m)×(1m)×(3m)×(0.4)=$1.2m^3$
水位上昇後の地下水量： (1m)×(1m)×(5m)×(0.4)=$2.0m^3$
2m水位が上昇した際の地下水増加量： $2.0m^3$-$1.2m^3$=$0.8m^3$

図 3-2　単位面積あたりの地下水の量の計算例
ここでは間隙率が 0.4 の帯水層中の地下水の量のみを計算しています。

量はその時々で値が異なることです（**図 3-2**）。二つ目は **Q8** で扱いますが，将来にわたって地下水を使い続けたい場合（このような考え方を持続的な地下水利用といいます），1 年間あたりに利用できる地下水の量は，流域において涵養《かんよう》される水の量によって決まります。このように地下水の賦存量と利用可能量は異なるものであることに注意してください。

参考文献
1) Shiklomanov I. and Rodda.J. (2003) World Water Resources at the Beginning of 21st Century.
http://catdir.loc.gov/catdir/samples/cam034/2002031201.pdf（閲覧日 2019 年 12 月 19 日）
2) 国土交通省（2019）平成 30 年版　日本の水資源の状況
http://www.mlit.go.jp/common/001258366.pdf
（閲覧日 2019 年 12 月 19 日）
3) 環境省（2019）バーチャルウォーター
https://www.env.go.jp/water/virtual_water/
（閲覧日 2019 年 12 月 19 日）
4) 越谷 賢・丸井敦尚・伊藤成輝・吉澤拓也（2011）日本列島における三次元水文地質モデルの構築と地下水賦存量の試算．地下水学会誌，**53**(4)．357-377.

地下水はどのくらいの速さで流れているのですか？

Question 4

Answerer 長谷川 琢磨

地下水の流速

地下水は，地下の砂や礫《れき》の間や，岩の割れ目などを流れています。流路が細く，流れにくいため，1 m/ 日～ 1 m/ 年程度で非常にゆっくりと流れています。流速に大きな幅が出るのは，砂の粒や割れ目の大きさで流れやすさが大きく変わるためです。例えば，礫のような粒の大きい地層の場合には非常に速く流れ，粘土やシルトのような非常に粒子の小さい地層の場合には非常にゆっくりと流れます。この地下水の流れやすさは透水係数と呼ばれ，地層の種類によって**表 4-1** のような値をとります。地層による違いは極めて大きく，粘土層は砂層と比べて 1 万倍近く水を通しにくいことが示されています。地下水の流速は，動水勾配（**Q2 参照**）と，地層が持つ地下水の流れやすさをかけて，それを間隙率（**Q3 参照**）で割ることにより計算することができます。

なお，実際の野外で地層の透水係数を求めるときには，しばしば透水試験（揚水試験）と呼ばれる方法が用いられます。これは井戸からどのくらいの流量の地下水がどのくらいの水位低下で汲めるのか，を調べる試験です。直径 1 m程度の井戸から 10L/ 分（水道から全開で水を出したぐらい）で 1 m程度の水位低下であれば，砂（1×10^{-4}m/ 秒）程度の透水係数があると見込むことができます。

表 4-1　透水係数の代表値[1)]

地層	透水係数（m / 秒）
礫	3×10^{-4} ～ 3×10^{-2}
粗砂	9×10^{-7} ～ 6×10^{-3}
細砂	2×10^{-7} ～ 2×10^{-4}
シルト	1×10^{-9} ～ 2×10^{-5}
粘土	1×10^{-11} ～ 5×10^{-9}

水に溶けている化学物質から調べる方法

ここで述べる化学物質とは，自然界の雨水や地下水などに溶けているごく微量の放射性物質のことです。前頁で述べたように透水係数や動水勾配などから地下水の流速が求められますが，一方で，地下水の流速は地下水に溶けている放射性物質からも調べることもできるのです。これは地下水年代測定法と呼ばれています。地下水年代というのは，ある地下水が涵養《かんよう》されてから何年経過したかを示したもので，滞留時間とも呼ばれています。涵養されてからあまり時間が経っていない地下水を若い地下水，長い時間が経っている地下水を古い地下水と呼ぶことがあります。

地下水年代測定法にはいくつか種類があります[2]。ここでは考古学の ^{14}C 年代測定と同様の原理を用いた方法を解説します（**図 4-1**）。^{14}C は地表付近では一定濃度に保たれていますが，地下に浸透すると新たな生成がなく，放射壊変という現象によって濃度が低下していきます。放射壊変は半減期と呼ばれる期間ごとに濃度が半分になるため，この濃度の低下から地下水がどの程度の時間流れているかを調べることができます。そのため，涵養域（**Q2 参照**）が分かっていれば，涵養域からの距離と地下水年代によって，地下水の流速が求められるというわけです。

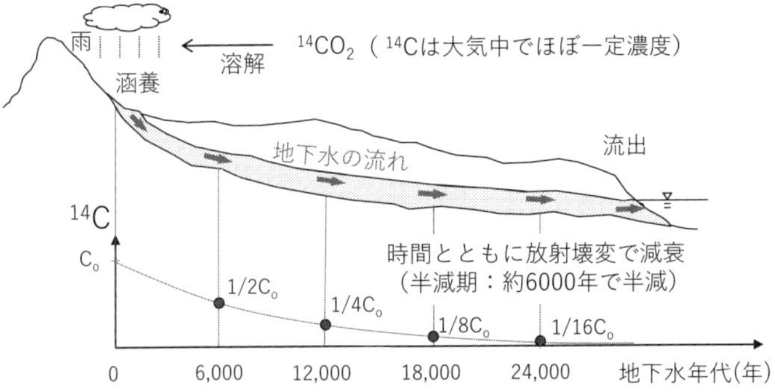

図 4-1　放射性物質（^{14}C）による地下水年代測定の概念図
涵養時の地下水の ^{14}C 濃度を C_0 とします。地下水が下流側に流れていく間に，^{14}C は一定速度で減少します（約 6000 年で半分になります）。そのため ^{14}C の濃度から地下水の滞留時間が求められます。

地下水の古さ

地下水の流速が地層に大きく影響されるように，地下水の古さも場所によって大きく変わります。先に述べた砂の場合では，1 m/ 日で流れるため，数 km を流れるのに 10 年程度かかります。**図4-1** で示したように，涵養域では絶えず新しい地下水が帯水層に入ってきて，古い地下水が押し出されるように進むので，地下水流動の上流では地下水は常に新しく，下流では古くなります。日本では山から海までの距離は短いですが，オーストラリアの大鑽井《だいさんせい》盆地では，流動距離が1000kmにおよぶ場合もあるため，数百万年の古さの地下水が確認されています[3]。一方，透水係数が小さい粘土質の地層では，海の底で地層が堆積する際に取り込まれた海水が化石海水として残っている事例なども報告されています（**Q15 参照**）[4]。このような場合は，海水が地層に取り込まれた瞬間からの経過時間が滞留時間になるので，その化石海水の年代は地層の堆積年代となり，ときには数百～数千万年前の古さになることがあります。

国内でミネラルウォーターとして売られている地下水は，数年から数十年程度の滞留時間が多いと考えられます。例えば，富士山の湧水の年代は，多くの研究がなされており，数年から数十年の古さと考えられています[5)]。温泉水は，地下深部から採取するため古いものが多いと考えられます。

参考文献
1) Domenico, P.A. Schwartz, F.W.（1990）: Physical and Chemical Hydrogeology, John Wiley & Sons, 39p.
2) 馬原保典（2009）：地下水年代の測定，地下水学会誌，**51**(1)，55-59.
3) Bentley, H. W., Philips, F.M., Davis, S. N., Airey, P.L., Calf, G. E., Elmore D., Habermehl, M. A. and Torgersen T.（1986）Chlorine 36 Dating of very old groundwater: 1. The Great Artesian Basin, Australia. Water Resour. Res., **22**, 1991-2001.
4) Ikawa, R., Machida, I., Koshigai, M., Nishizaki, S. and Marui, A.(2014)：Coastal aquifer system in late Pleistocene to Holocene deposits at Horonobe in Hokkaido, Japan, Hydrogeology Journal, **22**, 987–1002.
5) 浅井和由，輿水達司（2019）：富士山の山麓湧水の $^{3}H/^{3}He$ 年代，地下水学会誌，**61**(4)，291-298.

湧水とはどのようなものですか？

Question 5

Answerer 林　武司

いろいろな湧水

地下水が自然に地表あるいは湖底などに流出したものが湧水です。陸上にある湧水は，湧き水や清水などとも呼ばれています。湧水は山地や平野，沿岸域さらには海底まで，様々なところに見られます。また，湧水は自然の豊かなところだけでなく，街中にもあります。ここでは，山から海にかけて見られる様々な湧水をご紹介しましょう。

皆さんが山歩きをしていると，**図 5-1** のような小さな川を見かけることがあるでしょう。このような山地の小河川の源は地下水や雨水・融雪水ですが，実は，地下水の占める割合は雨水よりも多く，中緯度地域では全体の６～９割になることが分かっています[1)]。つまり，雨や雪が降って，その一部が地面に浸み込んで地下水になった後に，湧水として再び地表に戻ってきて川の水の一部になっている，ということです。**図 5-2** に示すように，地下の浅い部分を流れてきた地下水の一部が小河川に湧出し，残りは少しずつ浸透して山体の地下水を形成しま

図 5-1　山地を流れる小河川

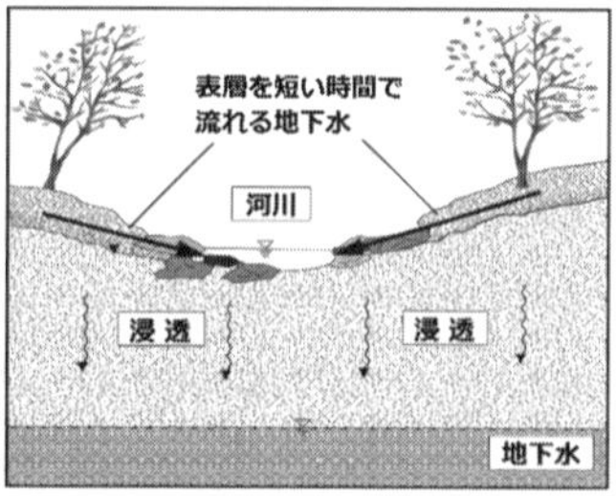

図 5-2　山地での小河川と地下水の関係

図 5-3　崖の途中から湧出している湧水（神奈川県秦野市の三廻部《みくるべ》湧水）

図 5-4　湧泉の例。湧水が池を形成しています（静岡県富士宮市の御《お》鬢《びん》水）

す。この山地の地下水は，低地に向かって流動していきます。

湧水の見られる場所の周辺を観察してみると，湧水は地形上の凹地や地形勾配の変換点，岩の割れ目，地表に露出した地層群の境界，池や川の岸や底など様々な場所に見られます。また，湧水は 1 カ所から湧出している場合や複数箇所から湧出している場合があり，後者では湧出地点が点在する場合や直線状に並んでいる場合などがあります。このように，湧水は見られる場所も湧出のしかたも様々です。湧水が多様な形態を有する要因の一つとして，地下の地質構造の多様性が挙げられます。地下の地層の分布のしかたや性状（透水性など）の違い，断層の有無などによって，地下水の流れ方は大きく変化します。このことが，湧水の形態に影響するのです。

ところで，湧水に類似した言葉に湧泉があります。どちらも“地下から湧き出す水”を指しています。湧水は地下水が地表や湖底などに湧き出すという現象に着目しているのに対して，湧泉は湧出した水が池などの水域を形成している状態に着目している点に違いがあります（**図 5-3**，**図 5-4**）。湧水の水量が少ない場合には，湧出した水は再び地下に浸透するなどしてなくなってしまいますが，水量が豊富な場合には，池や沼が形成されたり川が形成されたりします。さらに，湧水の水量が年間

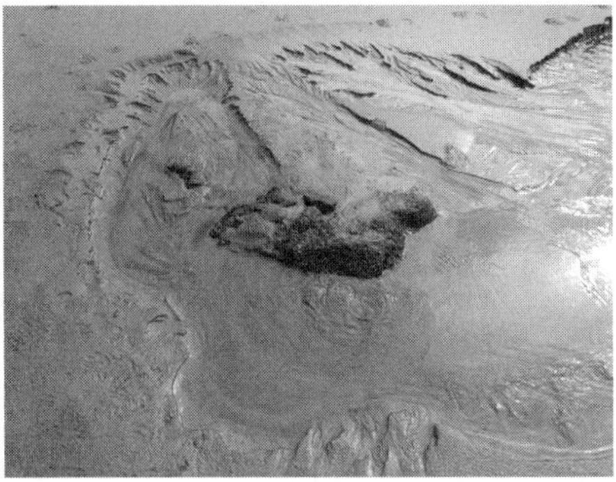

図 5-5　海岸に見られる湧水（山形県遊佐町釜磯海岸）

図 5-6　北海道利尻島に見られる海底湧水湧出点の海面の様子（左）と海底の様子（右）[2]

を通じて十分にある場合には，池沼や河川も年間を通じて見られるようになります。このことから，池沼や河川が恒常的に見られるところは，地下水が常に集まってくるところであると考えることができます。

湧水は海岸にもあります。砂浜を注意深く観察していると，地下水が浸み出し，海に向かって流れる様子が見られることがあります。さらに，水が砂や小石を巻き上げながら湧出する様子や，場合によっては，海底に存在する湧水によって海面が盛り上がる様子が見られる場合もあります。**図 5–5** や**図 5–6** は，海岸あるいは海底から湧水が湧き出す様子を撮影したものです。このように，湧水は様々なところに，そして様々な形で存在しています。皆さんもお住まいの地域の湧水を探してみてはいかがでしょうか。

参考文献
1) 田中 正（1982）：水文学における同位体利用の研究動向―地中水の循環に関する研究を事例として―．京都大学防災研究所附属水資源研究センター研究報告，**2**，3-22.
2) 丸井敦尚・安原正也・林 武司（1999）：名水を訪ねて(46) 北海道利尻島の名水　甘露泉と海底湧水．地下水学会誌，**41**(3)，213-220.

Topic 2　鍾乳洞と地下水

鍾乳洞とは，一般に洞内に鍾乳石が形成された天然洞穴を指します。ごくまれに例外（七ツ釜鍾乳洞）もありますが，通常は石灰岩地域に形成され，石灰洞と呼ばれることもあります。日本には**図 1** に示すように石灰岩体が各地に存在していて，国内では 400 本以上の鍾乳洞が知られています[1]。石灰岩体は，かつてのサンゴ礁などが隆起して陸上に現われ，そののちに降水などを起源とする地下水によって削られたものです。この地下水が石灰岩体を溶かすことで洞は成長し，石筍やつらら石などの二次生成物も形成されます。我が国をはじめ世界中で様々な形の鍾乳石が報告され，その美しさは人々を魅了し，実際に多くのツアーが組まれています。鍾乳洞は本来，地下水の排水路であり，地上の河川のように地下の排水ネットワークを形成していて，ケイブシステムと呼ばれています。

日本列島の石灰岩体はサンゴ礁などが陸化したもので隆起の際に多くの亀裂（弱線）が発生します。この弱線が洞穴のもととなります。東北地方の太平洋岸では，概ね 10 万年で 20 m程度の隆起速度があるといわれており[2]，約 12 万年周期で訪れる氷河期により，概ね 4

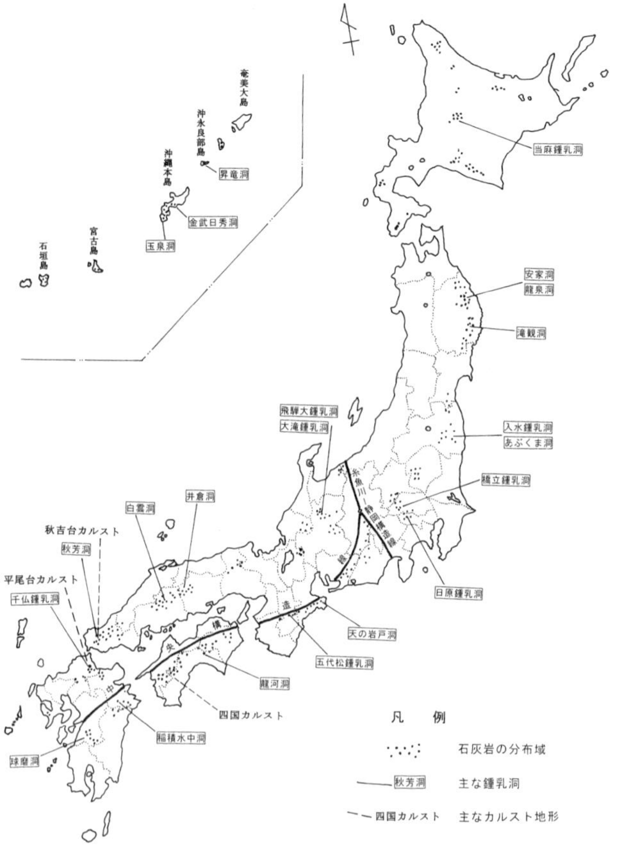

図1　石灰岩と主な鍾乳洞・カルスト地形の分布図

回の海水準変動（最大時には 200 mにも達する）の影響を受けて，洞穴は階層状に成長します。このため，国内の鍾乳洞は３段か４段の構造を持つことが多くあり，あぶくま洞はその断面形状から，４段構造であることが分かっています[3)]。これは侵食基準面の相対的な高度が変化することで，洞内の水流位置が変化していると考えられるからです（**図２**）。

改めて確認しますが，洞穴は地下に存在する地下水の排水路であり，洞の径は温暖な間氷期の降水量が最大になるときに決まると考えられます。

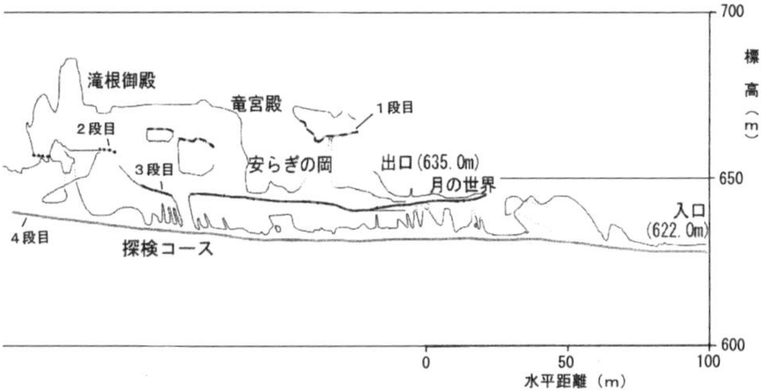

図２　あぶくま洞（観光洞）の断面図
未公開部分も合わせると全体が４層構造になっていることが分かる（樽沢ほか[3)]；あぶくま洞案内図を一部改変）

参考文献
1) 山内 浩（1983）：山と洞穴．山内浩著作出版委員会，478p.
2) 野村勝弘・谷川晋一・雨宮浩樹・安江健一（2016）：日本列島の過去約十万年間の隆起量に関する情報整理．JAEA-Data/Code2016-015.
3) 樽沢春菜・山内 正・菊池正志（2010）：あぶくま洞案内看板.

（丸井　敦尚）

地下水に海水が混じっていることはありますか？

Question 6

Answerer 林 武司

沿岸域での地下水と海水との関係の特徴

ここでは，沿岸域で地下水と海水，そして塩水《えんすい》がどのような位置関係にあるのかを考えてみましょう。なお，海水が陸域の地層に入り込んだものや，数百～数千万年間，地層中に閉じ込められた海水である化石海水も塩水と呼ばれます（Q15 参照）。

海水と一般的な地下水では水質組成が大きく異なっており，海水中には塩分（ナトリウムやカルシウムなどの溶存成分）が地下水中よりもたくさん含まれています。このような塩分量の違いから，海水は地下水よりも比重が大きい，つまり同じ体積であれば，より重いという特徴があります。このため沿岸域では，塩水が真水（淡水といいます）の下に潜り込むように存在しています（**図 6–1 左**）。そして，淡水と塩水が接する境界では，塩水中の塩分が淡水部分に少しずつ移動する（拡散といいます）ため，両者の境界付近では，塩分濃度は淡水と海水が混ざり合った状態（汽水といいます）になります。ここに紹介した地下水と海水との関係は沿岸域に広く認められるものですが，両者の位置関係は地下の地質構造や地下水の流れる速さなどに大きく依存し（**図 6–1 右**），塩水の厚さも地下水の流れる速さや地質構造などによって異なります。

一方，沿岸域において都市化や産業の発展などの形で人間活動が活発化すると，淡水地下水と塩水との関係が大きく変化する場合があります。例えば，沿岸域で井戸から地下水を過剰に揚水すると，帯水層中の地下水の水量の減少や流れの変化などが生じ，それらの結果として塩水がより内陸部まで侵入したり，淡水地下水の下にあった塩水が井戸内に引き込まれたりするこ

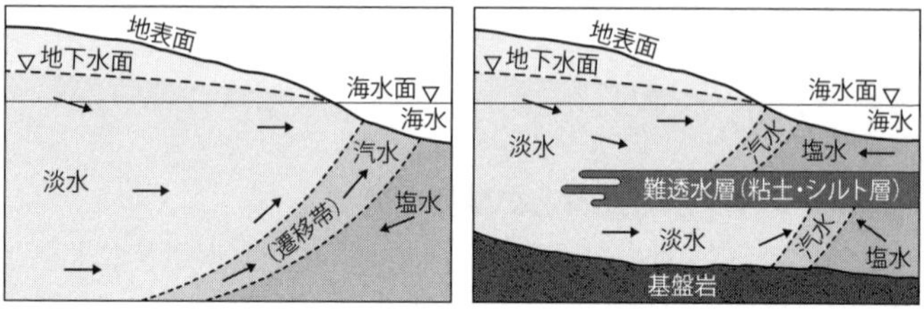

図 6-1　沿岸域における地下水と海水の関係（Barlow（2003）[1]を基に作成）

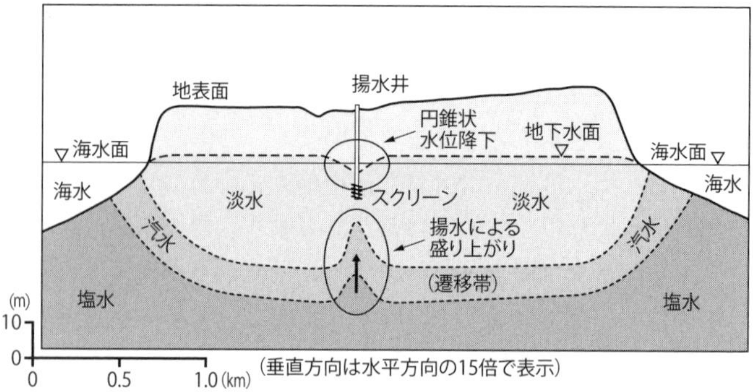

図 6-2　地下水揚水による淡水・塩水境界の変化（Barlow（2003）[1]を基に作成）

とがあるのです（**図 6-2**）。このような場合にも，地下水と海水が混ざった水質組成となります。これらの現象は，塩水侵入や地下水の塩水化と呼ばれます。日本や世界の各地の沿岸都市域では，過剰な地下水利用によって塩水化が生じてきました。地下水の塩水化は水資源としての地下水利用に大きな影響を与えるため，持続的な水利用における課題の一つです。特に，水資源の限られた離島では，地下水の塩水化問題は大きくなりやすい傾向にあります。

参考文献 1) Barlow, P.A. (2003) : Ground Water in Freshwater-Saltwater Environments of the Atlantic Coast. U.S. Geological Survey Circular 1262, 113p.

Topic 3　離島の地下水：淡水レンズとは

離島は海に囲まれているため，島の周囲から海水が浸透してきます。一方，島に降った雨は地下に浸透しますので，島の帯水層には側方から浸透してくる塩水《えんすい》と，上方から浸透してくる淡水が混在することになります。ここで淡水と塩水は比重が異なるので，帯水層の中で軽い淡水が塩水の上に浮くような形で分布します。この淡水層は島の中心で厚く，縁辺部で薄くなり，レンズのような形になっていることから「淡水レンズ」と呼ばれており（**図1**），離島の貴重な水源となっています。

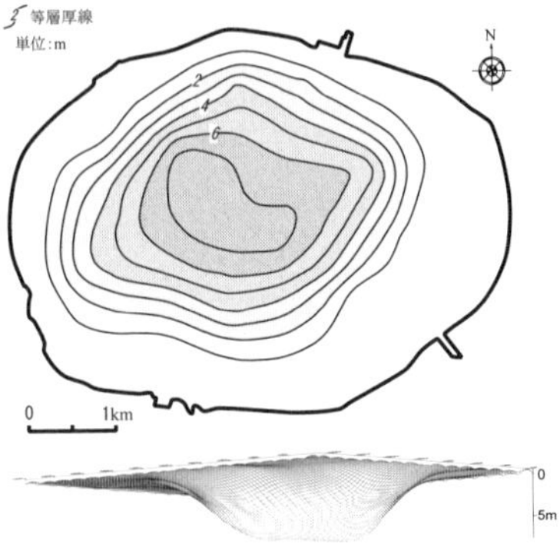

図1　淡水レンズの例（平面図と断面図）

淡水レンズは島の降水量（地下水涵養《かんよう》量）が多いほど，帯水層の透水性が小さいほど厚くなります。また島の大きさや形も関係していて，島の面積が大きいほど，同じ面積であれば島の形が真円形に近い方が厚くなります（**図2**）。

離島にて地下水を利用するときに注意しなければいけないのは，一度に大量の地下水を汲み上げると，深いところの塩水を引き込んでしまい（これをアップコーニング（**図3**）と呼びます），地下水が塩水化してしまうことです。このため，1カ所あたりの汲み上げ量を少なくしたり，取水箇所を分散させたりすることが重要となります。

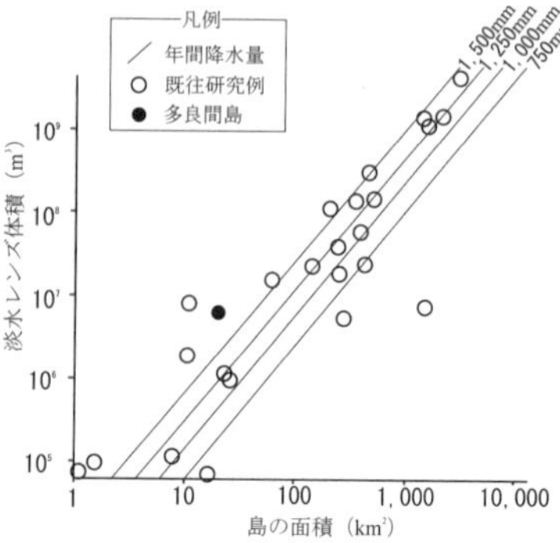

図2　島の面積と淡水レンズ体積の関係

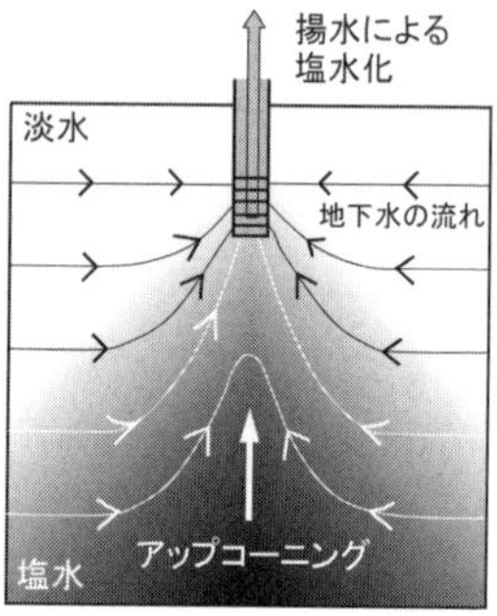

図3　アップコーニング

（石田　聡）

海の下にも地下水はあるのですか？

Question 7

Answerer 小野 昌彦

海底下の地下水

地下水は地下の地層中の間隙に存在していますが，海底下の地層中でも同様に間隙に地下水が存在しています。一般に，陸域の地下水は大半が淡水ですが，海底下にある地下水は海水とほぼ同じ組成を示します。化学的にはNaClすなわち塩化物イオンやナトリウムイオンなどの溶存成分が多い塩水《えんすい》組成です。このような塩水は，海中で地層が堆積する際に間隙中に海水が取り込まれたりして形成されると考えられています（Q15 参照）。

しかし最近，海底下の数十〜100m 以深の深い領域では，かなり薄い塩水の存在が確認されています。2013 年に発表された論文によれば，フロリダ州やニュージャージー州，ジャカルタやグリーンランドなど世界各地の沿岸域では，海底下に海水よりも溶存成分の少ない薄い塩水が存在していることが分かりました。その塩水の地下水は，大陸棚の内部の広範囲に分布し，海岸線から沖に向かって 100km 以上も離れた場所や水深 100m を超えるような海底下にも存在するとされています。海底下に海水と淡水が混ざった地下水が存在することは，世界的に共通の現象であるようです[1)]。

なぜ，陸から離れた海底下に陸で涵養《かんよう》されたような淡水が混入しているのでしょうか？　これには地球上に存在する氷期と間氷期のサイクルと，それに伴う海水準変動が関わっていると考えられています。最近の氷期は今から 1 万年ほど前に終わりを迎えた最終氷期と呼ばれている時期ですが，この時期は現在よりも寒冷な気候にあって，地球上に広く氷河が広がり海水準は現在に比べて 100m 以上も低い環境にありました。そのため，

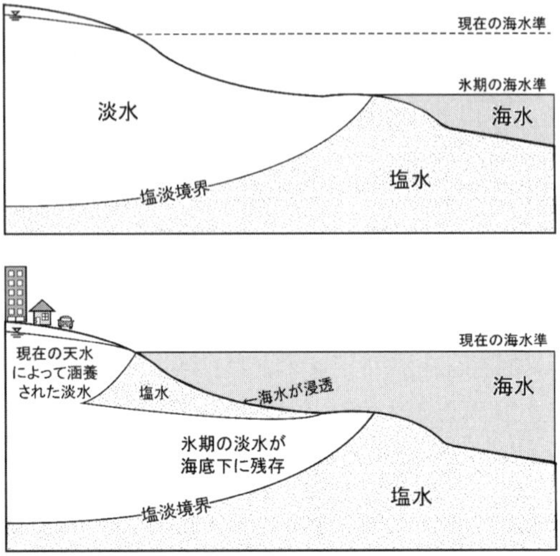

図 7-1　海水準変動と賦存する地下水質の変化のイメージ
（上図：氷期，下図：現在）

私たちが普段目にしている海岸線に比べて，氷期の海岸線はより沖合に位置していたと考えられます（**図 7-1**）。海水準が低い時期には，相対的に陸地の範囲が広くなりますので，淡水が地下へ浸透できる範囲が広がることになります。そのため，現在の海底下にあたる範囲に雨が降り，そこで淡水が浸透し，地下水となって流動していました。その後，氷期が終わって間氷期に至る間に地球全体が温暖な気候となり，氷河が融解して海に流入することで急速に海水準が上昇しました。このとき氷期に陸域であった領域は，海水準の上昇に伴って海水に覆われてしまい，もともとその地下に存在していた淡水の地下水は海底下に閉じ込められる形となりました。その後，覆われた海水あるいはその塩分がゆっくりと地下に移動していき，海底下に淡水と海水の混合した組成の地下水が形成されたと考えられています。海底下に薄い塩水が存在する理由が 1 万年以上も前の氷期にあったことは壮大な地球の歴史を感じさせます。

青函トンネルの例

前節のような話は遠い国の話と感じるかもしれませんが，実は私たちの生活にも係わっています。例えば北海道と青森県をつなぐ青函トンネルは海底下に建設されたもので，現在は新幹線も通過する重要なトンネルです。青函トンネルでは，海底下を掘削している間から完成後にかけて，トンネル内に多量の水が入ってきたとされています。トンネル内に入ってきた水の化学分析を行ったところ，海底下の地下水と一緒に陸域の地下水がトンネル内に流入してきたことが分かりました[2,3]。このようにトンネルなどの社会インフラに係る工事は，しばしば海底下で行われることがあるため，海底下に存在する地下水を理解して対策を講じることが必要になることもあるのです。

参考文献
1) Post, V. E. A., Groen, J., Kooi, H., Person, M., Ge, S. and Edmunds, W. M. (2013): Offshore fresh groundwater reserves as a global phenomenon. Nature, **504**, 71–78. https://doi.org/10.1038/nature12858
2) 水上正勝（2004）：凝灰岩層における水－岩石相互作用と長期安定性．月刊地球，**26**(7)，480-485.
3) Mizukami, M., Sakai, H. and Matsubaya, O. (1977): Na-Ca-Cl-SO_4-type submarine formation waters at the Seikan Undersea Tunnel, Japan. Chemical and isotopic documentation and its interpretation, Geochim. Cosmochim. Acta., **41**, 1201-1212.

Topic 4　砂州に湧く真水の磯清水

不思議の真水

　平安時代後期に小式部内侍によって「大江山 いく野の道の 遠ければ まだふみも見ず 天の橋立」と詠まれた京都府の奥丹後半島の付け根の宮津湾に位置する天の橋立は，日本三景の一つとして知られています[1･2)]。この天の橋立は，幅が 20～150m，高さは 1m あまり，延長が約 3.6km に及ぶ細長い砂州で構成されています（**図 1**，**図 2**）。砂州には白い砂浜と数多くの松が生育していることから，“白砂青松”としても有名です。そして，この砂州には母親の和泉式部が「橋立の松の下なる 磯清水 都なりせば 君の汲ままし」と詠んだという“磯清

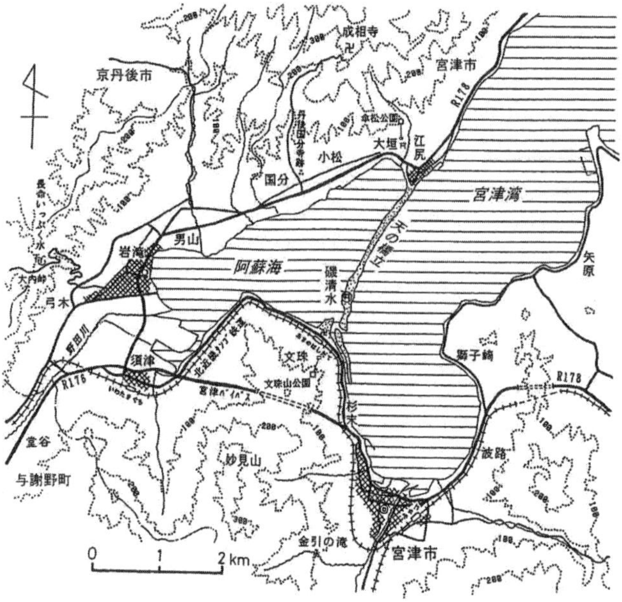

図１　天の橋立の位置図

図２　天の橋立（砂州）

図３　磯清水

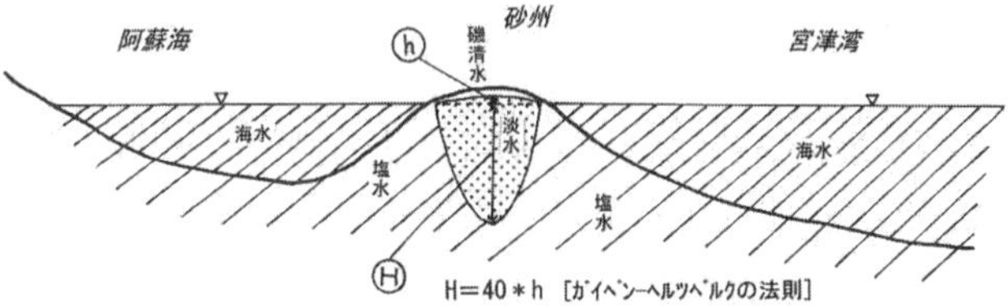

図４　淡水レンズの模式図

水”という釣瓶井戸があります（**図３**）。この磯清水は，砂州の中央より南の幅の広い場所に位置し，東に宮津湾，西に阿蘇海に挟まれているにもかかわらず，真水が湧くことから，昔から不思議がられた水でした。実際，塩分濃度を測定してみると，海水はおよそ30‰（パーミル）ですが，磯清水の水は0.2‰以下の値であり，松が生育していることからも真水が存在している証となります。これには真水（淡水）と海水（塩水）の密度差が関係しているとされています。

塩・淡境界

砂州に存在する地下水が淡水か塩水かについては，塩・淡境界が係わっています。淡水と塩水の比重の差から，力学的には海水面より上にある淡水の厚さの約 40 倍の深さまでは淡水が存在するという「ガイベン・ヘルツベルクの法則」により説明ができます（**図4**）。磯清水の井戸の構造としては，井戸枠の高さが約 80cm，そこから地下水面までの深さが約 180cm，井底までが約 230cm ですので，地表面から約 1 m 下に地下水があり，湛水深が 50cm ということになります。磯清水の正確な地盤標高は分かっていませんが，少なくとも 1 m は超えているものと思われます。仮に，地下水位が海水面から 10cm の高さにあれば，地下水面から深さ 4.1m までは真水であるわけです。日々の海水面の変動にも係わらず，常に真水が得られるということは，それなりの地下水位があるということです。それでもなお，幅が 100m ほどの砂州に位置する井戸から真水が得られるということは，実に不可思議な現象といえます。

参考文献
1) 島野安雄・永井 茂（1994）：日本水紀行(7)近畿地域の名水．地質ニュース，**476**，33-44．
2) 島野安雄（1998）：名水を訪ねて(40)丹後・若狭地域の名水．地下水学会誌，**40**(1)，65-76．

（島野　安雄）

地下水の水位や利用可能量はどのようにすれば調べられますか？

Question 8

Answerer 徳永 貴大

地下水の水位の調べ方

地下水の水位（地下水位といいます）は，井戸の中に現れる水面の標高であり，それは絶えず変動しています。なかなか日常で地下水を目にする機会が少ないので，これをどのように調べるのか知らない方が多いかと思います。もしかしたら，地下水は地下に存在し，目に見えないので，特殊な機械や高度な技術を駆使しているのではないかと考える方もいるかもしれませんが，そのようなことはありません。実際は泥臭く（？）井戸に赴き，地表から井戸の中の水面の位置を確認・測定することにより，水位を調べています。

水位の測定方法として，実際に手で測る場合は，一般的に携行型水位計（ロープ型水位計）を使用します（**図 8-1**）。この器械は，ロープの中に電線が内蔵されており，先端についている電極のセンサー部で水面を検知すると電気信号によりブザー音が鳴るか，光が点滅します。ロープには目盛りが付いているので，その信号を頼りに，任意の基準点（一般的に井戸や観測孔の天端）から水面までの距離を測り，地下水位を知ることができます（**図 8-2**）。なお，基準点となる井戸の天端には凹凸があるので，毎回同じ位置で測れるように目印を付けておくことが多いです。

長期的に連続して水位を調べる場合は，人が毎回測ると手間と労力がかかるので，自記水位計という自動的に水位を記録する器械を使用することがあります。記録方式はデジタル型とアナログ型があります。デジタル型の多くは，センサーを井戸や観測孔の天端からぶらさげて，地下水位の下になるように固定し，その深度の水圧変化を定められた時間間隔ごとに測定して水位の時間変化を観測します。アナログ型の多くは，井戸の中の水面に浮き（フロート）を浮かべ，地下水位が上下するのに合わせて動く，浮きの動きを記録します。現在はデジタル型の方が使い勝手が良く主流となっています。ただし，アナログ型は構造が簡単であり，途切れのないデータを取得でき，地震時などの瞬時の水位変化を捉えることもあるので，測定目的に応じて選定されています。

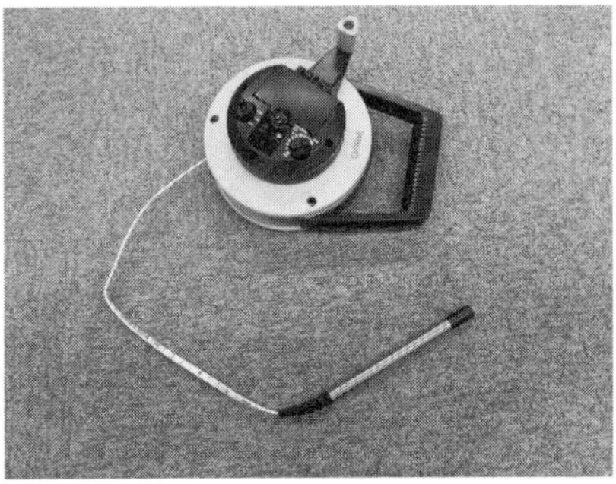

図 8-1　水位計

水位を調べる上での注意事項としては，井戸に複数のスクリーン（Q13 参照）がある場合，異なる水位を持った帯水層の地下水が井戸に混入してしまい，調べたい帯水層の水位を測ることができないことがあります（Q14 参照）。そのため，事前に帯水層の分布状況を把握しておかないと，本来の水位を見誤ってしまうことがあります。

持続的に利用できる地下水の量

ある流域の帯水層にはもともと地下水が含まれています（Q3 参照）。しかし，もし地下水の涵養《かんよう》量よりも多くの地下水を何年も使い続けてしまうと，流域内の地下水の量は減る一方

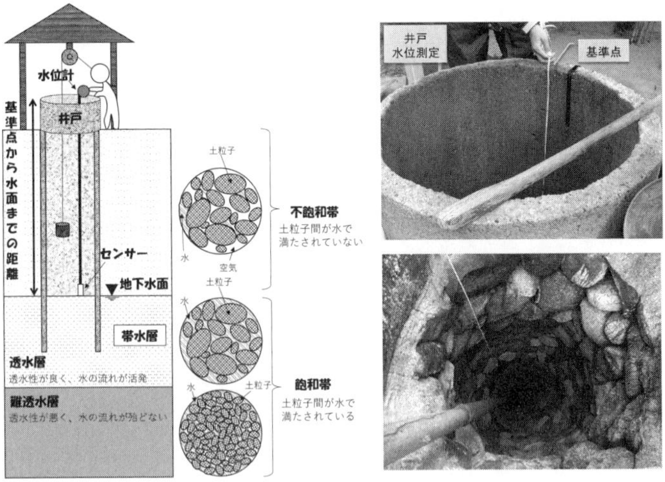

図 8-2　井戸（地下水）の水位測定概念図と測定状況写真

です。このような流域内の地下水の出入りを把握して地下水資源を考えることが重要です。そのため，未来にわたって地下水を使い続けたい場合，利用できる地下水の量を見積るために，地域の水収支について検討が行われます。

水収支というのは，長期間にわたる流域の水の出入りを整理したものです。流域に涵養される水から出ていく水を差し引くことで計算されるので，地下水を対象とした貯金通帳のようなものと言えます。**図 8-3** はその概念を表したものです。帯水層内には地下水が貯留されており，地下水の流入として『降雨』，『水田等からの浸透』，『他流域からの流入』があり，流出として『蒸発散(注)』，『地表への流出（湧水・河川水）』，『工場や家庭での地下水利用（揚水）』，『他流域への流出』があります。水収支を検討する際は，１年間の単位で見積もることが一般的です。これらの総流入量と総流出量の差が，持続的に利用可能な地下水の量といえます。

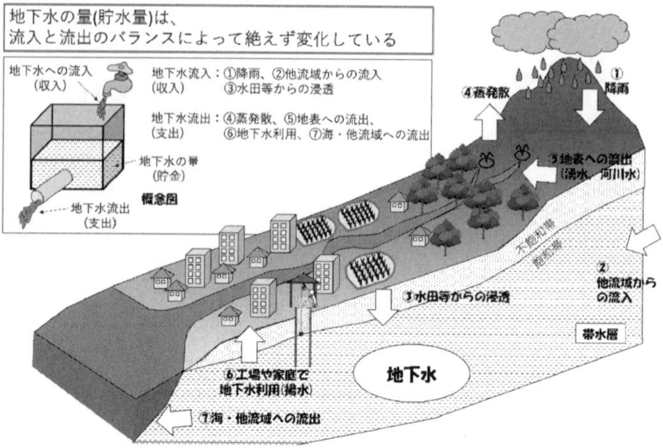

図 8-3　水収支の概念図

地下水は，生活用・農業用・工業用など幅広く利用され，私たちの暮らしに必要不可欠なものです。この章の題目である『地下水の水位や量を調べる』ことは，その貴重な財産を守り，次世代へ残していくための重要なツールの一つとなります。

（注）蒸発散：蒸発と植物の主に葉面で生じる蒸発（これを蒸散といいます）を合わせた用語です[1]。

参考文献　1) 日本地下水学会（2011）：地下水用語集．理工図書，143p.

湧水の湧出量や地下水の水位が変化するのはどうしてですか？

Question 9

Answerer 林　武司

湧水の湧出量の変動

地下水が自然に地表や海底へと流れ出たものが湧水です（Q5 参照）。ここでは，典型的な湧水の一つである崖部からの湧水に着目して，湧出量の変動について考えてみます（**図 9-1**）。湧水の湧出量は，湧水の源となっている地下水の水位（地下水の量に相当します）と関係しています。そして**図 9-2** にあるように，湧出量は地下水位が高いときに多くなり，地下水位が低いときには少なくなります。これは，水の入った袋に穴をあけたとき，水がたくさん入っている袋の方が，より多くの水が穴から流出するのと同じ原理です。それでは，なぜ地下水位が変化するのでしょうか。

地下水の水位の変化

図 9-2 では，地下水のあり方と地下水位の関係を単純化して示してありますが，実際には同一地点であっても，地下水位は井戸の深さや井戸の構造によって変わります。ここでは，地下水位の変動の特徴について大まかに解説します。通常，地下水位は井戸内の水面位置や湧水池の水面の高さを測ることによって知ることができます。このとき，地下水位は地下の特定の深度区間（一般的には帯水層）内にある地下水の量を反映しています。すなわち，地下水位が上昇するということは，ある深度区間中の地下水の量が増加することを意味します。地下水が増える要因としては，まず雨や雪解け水が挙げられるでしょう。降雨時や融雪期では地表などから地下に浸透する水の量が増えるので，それらが地下水になることによって地下水位が高

図 9-1　典型的な崖部の湧水
（東京都世田谷区等々力渓谷）

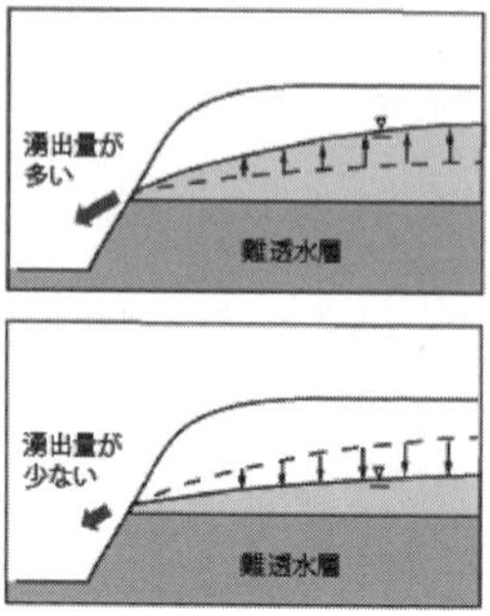

図 9-2　湧水量と地下水位の関係

くなります。また，水田での稲作が行われている地域では，水田や灌漑《かんがい》用水路から水が地下に浸透することによって，地下水位が上昇する場合があります。

次に，地下水位が低下する場合を考えてみましょう。先に述べた二つの水位上昇は，どちらも一時的な（期間の限られた）現象が要因となっています。これらの要因がなくなると，つまり，降雨後や融雪期後あるいは灌漑期後などに地表からの水の浸透量が減少すると，増加した分の地下水が徐々に川などに流出していくのに伴って地下水位が低下していきます（**図 9–3**）。また，降雨量や降雪・積雪量は年によって変動しますが，これらの少ない年には地下水の涵養《かんよう》量が減少するために，地下水位がさらに低下する場合もあります。

これらに加えて，地下水位が低下する大きな要因の一つとして人間活動があります。例えば，都市化に伴って地表が建物や舗装道路に覆われたり下水道が整備されたりすると，地表からの水の浸透量が減少することによって地下水位が低下する場合があります。また，生活用水や農業用水，工業用水などとして地下水を大量に揚水すると，帯水層中の地下水の水量が減少するために地下水位が低下します。**図 9–4** は東京都練馬区の地

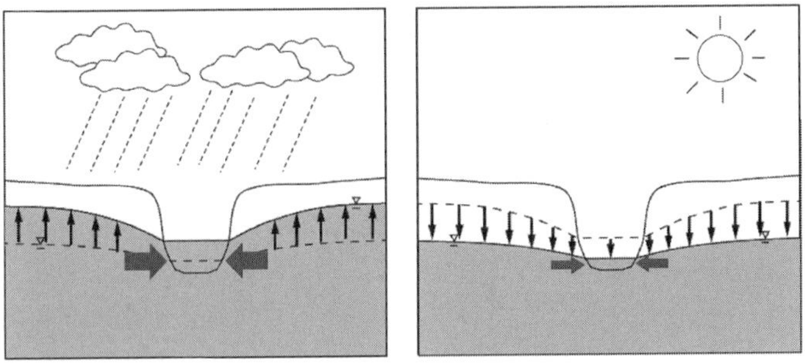

図 9-3　地下水位の変化

雨などによって地下水の涵養《かんよう》量が増えると，地下水位が上昇します（左）。この図では，地下水が河川に流出しているケースを示しています。図 9-2 と同様に，河川への流出量は，地下水位が高いときに多くなり，低いときに少なくなります。

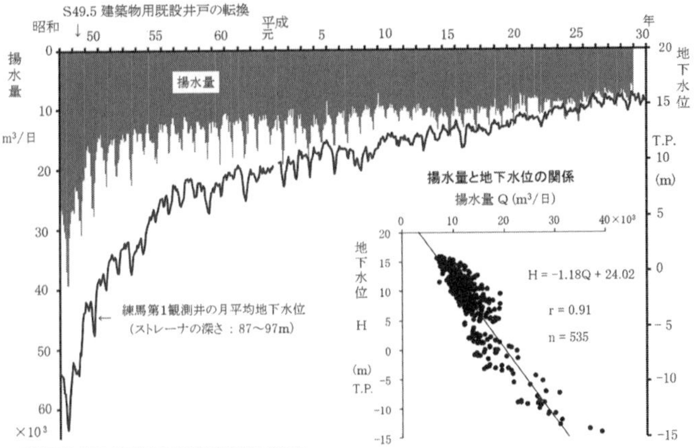

(注) 平成30年の揚水量は東京都環境局により集計中

図 9-4　地下水位と揚水量の関係の例（東京都練馬区内の事例）[1)]

下水位と地下水揚水量の長期的な変動を示しており，地下水揚水量の減少に伴って地下水位が少しずつ上昇していく様子が見られます。農業用水としての地下水揚水が期間限定的（灌漑期）であるのに対して，生活用水や工業用水としての地下水揚水は年間を通じて行われる点に違いがありますが，これらの地下水利用は，先に述べた地下水位変動よりも，より激しく地下水位を低下させることがあります。さらに，地下水揚水が過剰な場合には，沿岸域において塩水侵入や地下水の塩水化が生じたり（Q6 参照），都市域において地盤沈下が発生したりすることがあります（Q39 参照）。

参考文献 1）東京都土木技術支援・人材育成センター（2019）：平成 30 年地盤沈下調査報告書．33p.

Topic 5　幻の池や季節海

ある時期や季節になると池や湖に「水」がたまるという現象が起こりますが，それが「幻の池」や「季節海」と呼ばれているものです。その水はきれいに澄んでいて，地下水が起源とされています。また，石灰岩地域では，水の消える池や湖の他に，流れが途中で消えたり現れたりする河川も存在しています。

幻の池「池の平」

浜松市天竜区の水窪町奥領家の山中に，昔から遠州七不思議の一つに数えられている「池の平」という場所があります（**図 1**）。亀ノ甲山（880m）の北側中腹の杉や檜に囲まれた標高 650m の窪地に，1990 年頃までは 7 年に一度の間隔（1954・1961・1968・1975・1982・1989 年）で突然に池が現れ，一週間ほどで消えてしまうというものでした[1]。その後は 1998・2010・2011 年に出現し，7 年の周期からは外れていますが，突然に現れて一週間ほどで消えるというのは同じです。最近，2010 年に現れたときの池の大きさは[2]，縦 70m，横 40m，深さ 1.2m であり，翌 2011 年は縦 30 m，横 20m，深さ 1 m ほどでした。なぜ，およそ 7 年間隔で出現するのかについてはまだ分かっていませんが，“ししおどし”の原理のようなものが

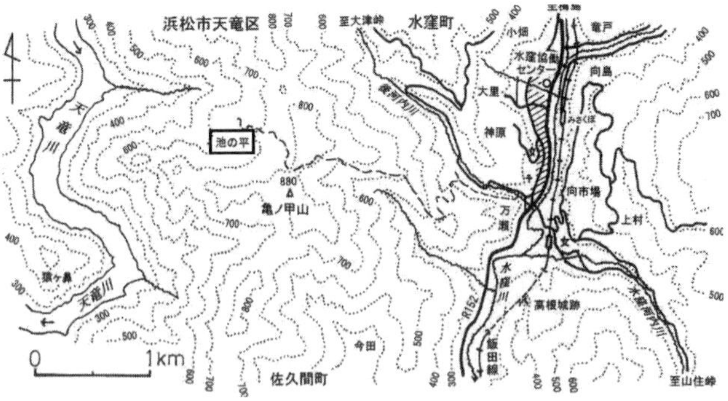

図１　池の平の位置図

関係しているのかもしれません。

同様の現象は他の場所でも見られ，奈良県の大台ヶ原山の山中では[3]，毎年，梅雨の時期が始まると地下水位が上昇して池が現れるとされています。また，室戸市の池山池をはじめとして全国では数カ所で，数年に一度，池の現れる場所があるそうです。

中国四川省・九寨溝の季節海

世界自然遺産に登録されている九寨溝は湖沼群と滝・急流などからなる石灰岩の景勝地で，東側の則査窪溝では長海や五彩池の下流側に上・中・下の三つの湖沼があります[4,5]。春～夏は草原ですが，雨期後の秋に地下水の湧出により湖水が蓄えられ，冬は水涸れして雪景色になるとされ，季節海と呼ばれています。

スロベニアのクラス地方

カルストの語源となったスロベニアのクラス地方では，数多くの鍾乳洞や凹地・凸地などがあって石灰岩地域特有の地形を呈しています[6]。特に，南部に位置するツェルクニツァ湖では雨期の後に水がたまるが，その後は水が引いて湖底が現れてしまいます。雨期と乾期での地下水位の上昇と下降が要因とされています。また，南西部を流れるレカ川は，途中で地下に潜ってしまい，西に 30km ほど離れたイタリアのトリエステの近くで海岸湧水として湧き出ています。

参考文献
1) 島野安雄・辻村真貴（1999）: 幻の池．日本地下水学会編「続名水を科学する」，技報堂出版，p76.
2) 静岡新聞（2010）: 幻の池「池の平」12 年ぶりに出現．2010 年 7 月 21 日付の記事．
3) NHK-BS3（2008）: 雨の物語～大台ヶ原日本一の大雨を撮る．2008 年 11 月 30 日放映．
4) 島野安雄（2005）: 名水を訪ねて(70)中国四川省の名水—九寨溝・黄龍—．地下水学会誌，**47**(3)，341-356.
5) NHK-BS3（2002）: 森と水が生んだ奇跡～世界遺産中国九寨溝．2002 年 2 月 9 日放映．
6) NHK-BS3（2019）: 溶ける岩と消える水～スロベニア～．2019 年 10 月 12 日放映．

（島野　安雄）

温泉も地下水ですか？

Question 10

Answerer 板寺 一洋

「温泉ってどんな水？」と尋ねられたら皆さんはどう答えますか？　ある人は「地中にある温かくて，なおかつ体に良い何かしらの成分を含んだ水」と考えるかもしれません。またある人はモクモクと立ち昇る湯気や硫黄の匂いをイメージするかもしれません。いずれにしても，改まって「温泉とは？」と聞かれたら答えに困るのではないでしょうか。

「温泉も地下水か？」 その疑問にお答えする前に，そもそも温泉がどんな水なのかについて二つのポイントから考えることにします。一つ目のポイントは温泉の性質（泉質）です。具体的には，温泉と聞いて多くの皆さんがイメージするであろう「温かさ」とはどのくらいの温度なのか，そして「成分」がどのくらい含まれているかということです。二つ目のポイントは温泉がどのようにして出来上がった水なのか（温泉の成因）で，温泉の本体である水はどこから来ているのか，そしてその水がどのような仕組みによって温度や成分を伴うようになったのかということです。温泉の泉質は成因によって決まっているとも言えますし，成因を調べる上で泉質は欠かせないデータの一つとなっています。

温泉の性質（温泉の定義）

温泉の温度，成分，水について，日本では温泉法という法律により「地中からゆう出する水及び水蒸気などのうち，温度が25℃以上であるか，または，19 項目の基準のいずれかを満たしているもの」といった具合に決められて（定義されて）います。つまり，地中にある水のうち人間が定めた温度や成分の基

表 10-1　温泉法第 2 条による成分の基準（抜粋）

物質名	含有量（1kg 中）
溶存物質（ガス性のものを除く）	総量　1,000mg 以上
遊離炭酸（CO_2）	250mg 以上
・・・・・・	
総鉄イオン（Fe^{2+}，Fe^{3+}）	10mg 以上
・・・・・・	
総硫黄（S）	1mg 以上
・・・・・・	
ラジウム塩（Ra として）	1×10^{-8}mg 以上
	など計 19 項目

準を満たしたものが温泉と呼ばれているというわけです。

まず，どのくらいの温度なら「温かい」と言えるのでしょうか。一般に，浅いところにある地下水の温度はその土地の年平均気温に近づくとされていますから，平均気温より温度が高い水は何らかの原因で温められた特別な水と言えそうです。国内の有人エリア最南端である波照間島の年平均気温が約 24℃ですので，温泉法の 25℃という温度の基準は妥当といえるでしょう。ちなみにイギリス，フランス，ドイツなどヨーロッパ諸国における温度の基準は 20℃，アメリカ合衆国の基準は 21.1℃（70° F）だそうです。一方，温泉法による成分の基準は，**表 10-1** の通りであり，これは常水（私たちが日常的に接することのできる水）と区別するため，法律制定当時のドイツなど諸外国の知見を基に決められたものです。

実は温度と成分は，どちらかが基準を満たせばよいこととされています。したがって，日本国内では地中から湧出する水であれば仮に温度が 25℃未満であっても成分のどれか 1 項目でも基準に達していれば温泉ということになりますし，成分が基準を満たさなくても温度が 25℃以上あれば，これもやはり温泉ということになります。

どのように出来上がった水か（温泉の成因）

国内でも古くから知られている温泉地の大半は現在も活動が見られる火山の周辺にあります（**図 10-1**）。そして，多くの研究により，活火山の周辺で見られる温泉の多くは，雨水が山体に浸み込み，地下水として流れたり貯留される間に地熱で温められて温度が上昇したり，マグマ活動に由来する熱水やガスが混入して成分が加わったりしたものであることが知られています。

図 10-1　国内の活火山と明治 20 年の温泉番付に登場する旧来の温泉地

一方，近くに火山がないどころか地熱活動の気配すら感じられない場所にも温泉はあります。代表的なのは，最近，都市部などで見かける日帰り温泉施設で利用されているものです。実は，たとえ火山の周辺でなくても地中の温度は深さとともに上昇し，その割合は，国内の平野部で深さ 100m につき

2～3℃であることが知られています。このため，ある程度深い井戸を掘削することで25℃より高い温度の水を汲み上げることが可能となります。さらに水を蓄えている地層が海で堆積した地層である場合には，古い海水そのものや海水由来の成分を含むこともあり，温度と成分の両方について法律の基準を満たしうるのです（Q15 参照）。このようにして得られた温泉は大深度掘削泉《くっさくせん》と呼ばれています。

さらに，近畿地方など西日本に分布する温泉の中には，その成因が大陸プレートの下に潜り込むフィリピン海プレートの運動と関連しており，二酸化炭素など一部の成分がマントル起源である可能性が指摘されているものもあります。

温泉も地下水か？

ここでご紹介したように，国内には「水」の大半が雨水に由来する温泉もあれば，火山活動やプレート運動，古い海水に関わりのある水をある割合で含んでいる温泉もあります。さらに世界中を見渡せば様々な成因を経た温泉が存在しています。地下水を単に地下に存在する水というだけでなく，主に私たち人間の活動が及ぶ範囲を循環している水とするならば，「温泉の大部分，場合によっては一部が地下水です」というのが正しい答えと言えそうです。

Topic 6　間欠泉の仕組み

火山が位置する地熱地帯では，地中にある地下水がマグマによって熱せられ，ある時間間隔をおいて熱水や水蒸気となって自然に吹き上がる現象が見られます。それを間欠泉（英語名：Geyser）と呼び，アイスランドの内陸部にある小さな町ゲイシール（Geysir）が語源となっています[1)]。そこには大ゲイシールやストロックルという有名な間欠泉群があります。大ゲイシールは噴出間隔がだいぶ長いですが，吹き上げると最大 60m の高さにも達します。一方，ストロックルは 5 分間隔ほどの時間で熱水を高さ 20m まで吹き上げます。

イエローストーン国立公園は 1872 年に世界で初めて国立公園になった場所で，世界自然遺産の地でもあります[2)]。ここは世界最大級の地熱地帯で，1 万カ所を超す温泉・間欠泉・泥泉などがあり，間欠泉だけでも 300 カ所以上も存在しています[3)]。中でも，南西部に位置するオールド・フェイスフル地区では面積約 3 km^2 の地域に 150 を超える間欠泉が集中しています。そこにあるジャイアント間欠泉は，7 ～ 12 日の周期で，高さは最高で 75 m，1 回で 1 時間以上も吹き上げることもあります。また，オールド・フェイスフル間欠泉は 45 分～ 2 時間間隔で，高さ 40 m近くまで熱水を 2 ～ 5 分間ほどで吹き上げています。

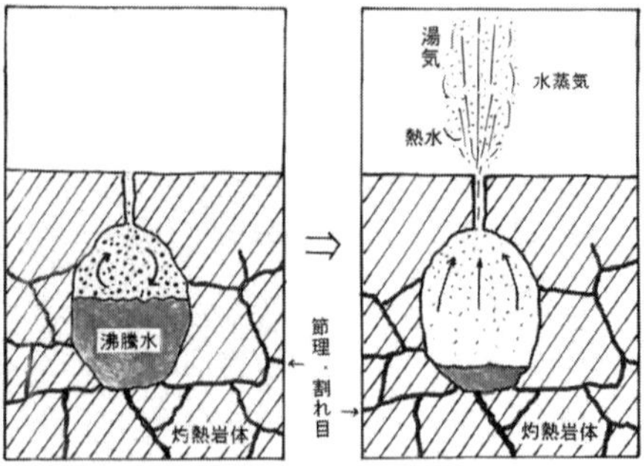

図 1　空洞型（Bunnett[4)] をもとに作成）

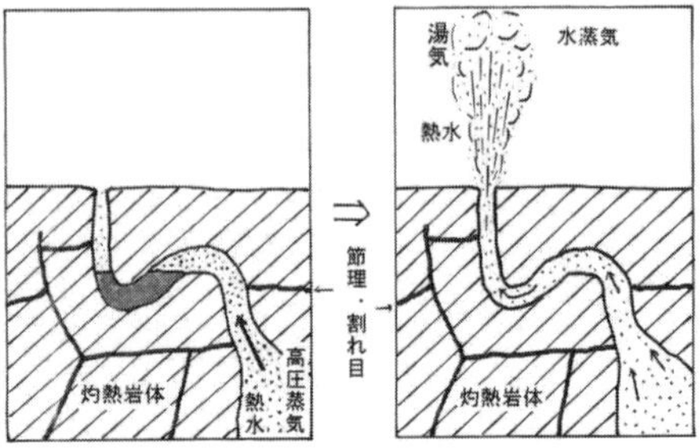

図2　管型（Bunnett[4] をもとに作成）

間欠泉には，大別すると，二つのタイプがあります[4]。一つは「空洞型」と呼ばれ（**図1**），地下の空洞に集まった沸騰した熱水が爆発的に噴出するもので，大きな間欠泉はこのタイプとされています。もう一つは「管型」であり（**図2**），湾曲した管に溜まった熱水が噴出するもので，小さなものはこのタイプが多いとされています。

日本には10カ所（北海道の羅臼温泉・鹿部温泉・登別温泉，宮城県の鬼首温泉，山形県の広河原温泉，栃木県の川俣温泉，長野県の上諏訪温泉，静岡県の熱海温泉，岡山県の草間の間欠冷泉，大分県の別府柴石温泉）に間欠泉があります。特に宮城県大崎市の鬼首温泉にある間欠泉が有名です。すぐ近くに二つあり，「弁天」と呼ばれるものはおよそ10分間隔で高さ15mほど吹き上がります（**図3**）。もう一つは「雲竜」と呼

図3　鬼首の間欠泉「弁天」

ばれ（**図4**），10～20分間隔で高さ5mほど吹き上がります。弁天は空洞型，雲竜は管型とされ，タイプが異なります。

図4　鬼首の間欠泉「雲竜」

参考文献

1) 島野安雄・楠田千穂・藪崎志穂（2010）：名水を訪ねて(91)アイスランドの水．地下水学会誌，**52**(4)，395-413.
2) 島野安雄・藪崎志穂（2014）：名水を訪ねて(105)米国西部の水．地下水学会誌，**56**(2)，135-154.
3) Yellowstone Association (2010) : Yellowstone. The Official Guide to Touring America's First National Park, 80p.
4) Bunnett, R. B. (1965) : Physical Geography in Diagrams. Longman, 36-37.

（島野　安雄）

地下水の中にも生物はいるのですか？

Question 11

Answerer 片山 泰樹

地下水中の生物の種類

生物には核を持つ真核生物と核を持たない原核生物がいますが，地下水には真核・原核生物どちらも生息しています。真核生物では，エビ，ミミズ，プラナリア，ゲンゴロウ，線虫，鞭毛虫，カビなどがこれまでに地下水から見つかっています。地上の環境とは違って通常の生息状態を観察できない上，調査・研究のための採取地が限定されるので，地下水に生息する生物の種類，数，生態はよく分かっていません。一方，原核生物は肉眼では見えない微生物と呼ばれる生物です。研究が制限される点は真核生物と同じですが，地下環境の微生物は我々人間社会に役立っていることから，精力的に研究が進められています。

微生物の数

1 mL の地下水には，10^2 ～ 10^7 個，平均して約 10^5 個もの微生物細胞が含まれています[1)]。河川や湖沼に生息する微生物の量（1 mL あたり平均 10^6 ～ 10^7 個）と比較すると，若干少ない程度なのです。一般的に生息域が深くなるにつれ微生物数も少なくなります。これは，圧密によって土粒子間，あるいは亀裂幅が小さくなるため生息空間が小さくなることが関係しています。また，微生物の栄養となる成分の多くは地表から地下水によって運ばれてくるので，深くなればなるほどその栄養が少なくなることも関係しています。ただし，地下環境は一様ではないので，例外もあります。例えば，南アフリカでは 3 km もの深さから採取した 5300 万年前の地下水 1 mL から，なんと 10^6 個の微生物細胞が見つかったと報告されています[2)]。このような分布から，地下水を含む地下環境全体の生物の量（バイオマス）を見積もると，地球上の総バイオマスの 20％弱に達する可能性があります[1]。

地下水を浄化する微生物

地下水の微生物が担う役割について，代表的なものを三つ紹介します。乳酸菌や納豆菌のように人の健康に役立つ身近な微生物もいますが，地下環境においても微生物は人知れず活躍しているのです。

脱脂溶剤として広く工業的に使われてきた揮発性有機塩素化合物は，現在でも地下水を汚染し大きな環境問題となっています（Q33 参照）。地下水中には，このような汚染物質を分解する微生物が生息しています。例えば，デハロコッコイデス属という細菌は，酸素のほとんどない条件にて揮発性有機塩素系化合物のテトラクロロエチレンを脱塩素化してエチレンまで分解し無毒化する能力を持っています。このような微生物を利用した汚染物質分解技術をバイオレメディエーションといい，現在その開発が進められています。微生物の栄養源や汚染物質を分解する微生物株そのものを有害物質で汚染された場に投与することによって，浄化を促進させるのです。微生物を利用しない汚染浄化技術と比較して，コストが安く環境に優しいメリットがある一方で，即効性がなく時間を要することや社会的受容性が低い（安全性に対する不安が大きい）デメリットもあります。

天然ガス・メタンを生成する微生物

天然ガスの主成分のメタンは微生物起源あるいは熱分解起源と考えられています。前者は，プランクトンや植物などの遺骸（有機物）が酸素のない環境で微生物によって分解され生成されたメタンです。堆積物が埋没した後も帯水層で微生物が活動し，あるいは，雨水などが地下水として涵養《かんよう》されることによって活動が活発化し，長い年月をかけてメタンガス鉱床がつくられると推定されています。地球に存在する天然ガス埋蔵量の20% 以上は微生物起源，すなわち，微生物の力によってつくられたものと見積られています[3]。国内にも微生物起源の天然ガス田として南関東ガス田などがあります。千葉県茂原市を中心に工業的に生産され，都市ガス等に広く利用されています。近年，このガス田の地層水からメタンガスをつくる微生物，メタン生成菌が生きた状態で発見されました[4]。いつ，どこで，どのようにしてメタン生成菌がメタンを生成しガス田ができたのか，現在も研究が進められています。

温室効果ガス・メタンの放出を防ぐ微生物

メタンガスは有用な燃料資源となる一方で，温室効果ガスの一つでもあります。地下水環境にはメタン酸化菌というメタンを食べる微生物が生息しています。より深い場所でメタン生成菌が生産したメタンを消費することで，メタンが地上に放出されるのを抑制しています。酸素の有無によって生息するメタン酸化菌の種類は大きく異なります。酸素のある好気環境で見られるのはバクテリア（真正細菌）の仲間で，種によっては環境汚染となる有毒物質を分解する能力も持っています。酸素のない嫌気環境にはアーキア（古細菌）に分類されるメタン酸化菌が生息しています。この嫌気メタン酸化菌はメタン生成菌と同じ代謝経路を持っており，メタンの消費あるいは生成は，それぞれの菌により反応が反対に進むだけの違いなのです。

このように地下水のある地下環境には，目には見えないけれど様々な微生物が様々な役割を担い，お互いが関係を持って活動しています。

参考文献

1) McMahon, S. and Parnell, J. (2013) : Weighing the deep continental biosphere. FEMS Microbiology Ecology, **87**(1), 113-120.

2) Moser, D.P., Gihring, T.M., Brockman, F.J., Fredrickson, J.K., Balkwill, D.L., Dollhopf, M.E., Lollar, B.S., Pratt, L.M., Boice, E., Southam, G., Wanger, G., Baker, B.J., Pfiffner, S.M., Lin, L-H. and Onstott, T.C. (2005) : *Desulfotomaculum and Methanobacterium* spp. dominate a 4- to 5-kilometer-deep fault. Applied and Environmental Microbiology, **71**(12), 8773-8783.

3) Katz, B.J. (2011) : Microbial processes and natural gas accumulations. The Open Geology Journal, **5**, 75-83.

4) Katayama, T., Yoshioka, H., Muramoto, Y., Usami, J., Fujiwara, K., Yoshida, S., Kamagata, Y. and Sakata, S. (2015) : Physicochemical impacts associated with natural gas development on methanogenesis in deep sand aquifers. The ISME Journal, **9**(2), 436-446.

家庭で生活用水用に使用されている井戸の例

Section 2
井戸による地下水の利用

久留里の自噴井（新町の小井戸）（千葉県君津市）［平成の名水百選（生きた井戸・久留里）］
地表面下約670m（推定）から地下水が自噴している

井戸にはどのようなものがありますか？

Question 12

Answerer 長谷川 智史

いろいろな用途の井戸

井戸は地下水など地下にある流体を採取するために地面を掘削して作られる構造物であり，その用途によって様々なものがあります[1)]。

最も一般的なものは水井戸です。この井戸は飲用，工業用，農業用，水産用，消雪用，防火用などの地下水を採取するためのものです。水井戸のほかには，石油や可燃性天然ガスの採取を目的とした油井《ゆせい》やガス井《せい》があります。これ以外にも地熱発電に使用する地下の高温の蒸気を取り出すための蒸気井や，身近なところでは温泉井も挙げられます。最近ではヒートポンプを用いて地中熱を冷暖房に利用する井戸も注目を集めています（Q22 参照）。

特殊な用途のものとしては，地盤沈下防止や地下水保全を目的とした地下水の人工涵養《かんよう》を行うための井戸（注入井または涵養井）も挙げられます。注入井では水を汲み上げるのではなく地下の帯水層へ注水するので，通常の井戸とは逆の使い方となります。

水やガスや熱などの「採取」を目的とした井戸のほかに，「観測」を目的とした観測井《かんそくせい》も存在します。地盤沈下観測井は，昭和 40 年代に都市圏を抱える平野部で顕著に進行した地盤沈下への対応として各地に設置されました。多くの場合，地盤沈下を計測する施設で地下水位を併せて観測しています。その井戸の深度としては数十～ 1000m 以上と様々です。地下水位観測井は地下水位とその変動を把握するためのもので，地域の地下水の量（Q9 参照）や工事の影響を把握する目的で設置・観測されています。このほかにも地震観測・火山監視用の観測機器を設置するための井戸があります。

地下水汚染の対策では，汚染された地下水を浄化するために汲み上げたり，浄化対策のための薬剤を注入したりするための対策井戸が設置されることもあります。

浅井戸と深井戸

浅井戸と深井戸の区別は相対的にされており，厳密な定義はありません。ただし，一般的には 30m 程度が目安となり，30m より浅く主に不圧地下水を取水するものを「浅井戸」，30m より深く主に被圧地下水を取水するものを「深井戸」と呼びます[1]。被圧地下水を取水する井戸のうち，地下水位（地下水ポテンシャル）が地盤面よりも高い場合は，地下水は地上に噴出するため，このような井戸は「自噴井《じふんせい》」と呼ばれます（Q14 参照）。

掘り井戸・掘り抜き井戸・打ち込み井戸

井戸の掘り方・構造に関しては，人間が穴に入って掘る「掘り井戸」，竹や鉄管を地中に深く入れて被圧された帯水層から取水する「掘り抜き井戸」，浅井戸ポンプの吸水管をそのまま地中に打ち込んで井戸とした「打ち込み井戸」などがあります[2]。ただし，現代では機械による掘削（機械掘り）が一般的となっています。これらについては Q13 にて詳しく説明します。

変わった形の井戸

井戸はまっすぐ垂直な縦穴が基本ですが，傾斜井や水平井，縦穴と横穴を組み合わせたものなど，やや変わった形状の井戸もあります。以下に，いくつかの例をご紹介します。

・まいまいず井戸

まいまいず井戸は，地下水位が深く崩壊しやすい地質からなる地域に見られる掘り井戸の一種です。すり鉢状（直径 20 ～ 30m）に地面を大きく掘り下げ，そのすり鉢の底から直径 2 m 程度の穴を数 m 掘り進めて，不圧地下水を採取する井戸をいいます[3)]。すり鉢状の穴の内壁に設けられた水汲み用の小路がらせん状で，カタツムリ（まいまいず）のような形をしていることから，「まいまいず井戸」と呼ばれるようになりました。崩壊しやすい地質のため，人力で深い縦穴を掘るのが困難であったことから，このようなすり鉢状の形になったものと考えられています。有名な例としては東京都羽村市「五ノ神まいまいず井戸」，埼玉県狭山市「堀兼ノ井」などがあります。

図 12-1　まいまいず井戸（東京都羽村市五ノ神）

・カナート

カナートは，古代から中近東や中央アジアに見られるトンネル式地下水取水施設で，中央アジアではカレーズ（T7 参照），北アフリカではフォガラとも呼ばれます[1)]。山麓に掘られた井戸の地下水を横穴（地下用水路）によって，平野部の農地へと導水する灌漑施設で，送水を担う横穴の総延長は 5 ～ 35km ほどです。横穴掘削時の換気・土砂搬出のために，35 ～ 300m の間隔で縦穴が設けられています。日本にもマンボと呼ばれる類似した地下水取水施設があります。こちらは明治から昭和初期にかけて作られたものであり，その規模も横穴延長が 1 km 程度と小さいものです[4)]。

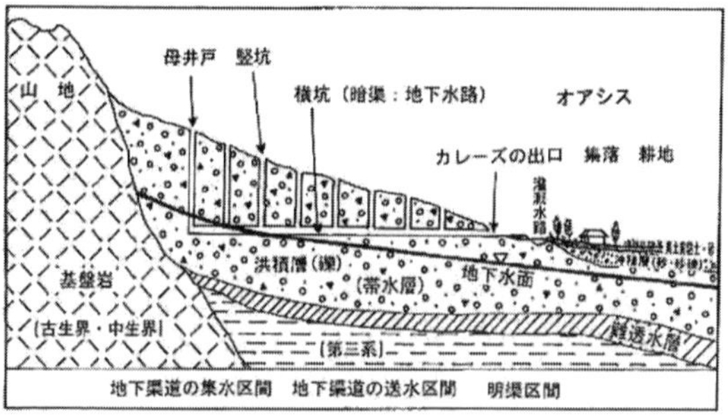

図 12-2　カナート（カレーズ）の構造[5)]

参考文献
1) 全国さく井協会（2017）：さく井技能講習会テキスト．全国さく井協会，192p.
2) 地盤工学会（1985）：入門シリーズ 8 地下水入門．(社)地盤工学会，210p.
3) 山本荘毅編（1986）：地下水学用語辞典．古今書院，141p.
4) 水収支研究グループ（1973）：地下水資源学―広域地下水開発と保全の科学―．共立出版，397p.
5) 島野安雄・西垣 誠・小松 満・孫 躍(2004)：名水を訪ねて(65) 中国西域・タリム盆地の名水．地下水学会誌，**46**(2)，159-174p.

井戸はどうやって掘るのですか？

Question 13

Answerer 長谷川 智史

井戸の掘り方は，歴史的に変遷してきました。まずは日本における井戸掘りの歴史を振り返ってみましょう。

掘り井戸

日本における井戸の始まりは，弥生時代といわれています[1]。初期の井戸は人間が穴に入って下方へ掘り進む，いわゆる「掘り井戸」です（**図 13-1**）。その最初期には井筒（井戸側《いどがわ》，井戸枠，現在はケーシングと呼ばれる部分）を持たない素掘り井戸ですが，時代を下るにつれて井戸の孔壁が崩れないように様々な井筒が使用されます（**図 13-1**）。弥生時代の井筒はくり抜いた丸太や木枠ですが，古墳時代後期以降にその構造が多様化しはじめ，奈良時代に入ると曲げ物，瓦，石組，陶質井筒など様々な材料が利用されるようになります。

掘り抜き井戸

近世に入ると従来の掘り井戸に対して「掘り抜き井戸」という新しい掘り方が登場します。掘り抜き井戸は竹や鉄管などを地中に深く入れて，粘土層などで挟まれた砂層・礫層などの被圧帯水層（**Q14 参照**）から採水する井戸をいいます[2]。

日本の掘り抜き井戸はまず上方《かみかた》で発達し，江戸でも 1720 年代以降に掘り抜き井戸が掘削されるようになります。当初使われていた竹に代わって鉄製の錐を使う金棒掘りが江戸に伝わると，井戸の掘削コストが大きく下がり，安価かつ容易に井戸が作られるようになりました。江戸時代中期以降，江戸や大坂などの都市部で発達した掘り抜き井戸の技術は，次第に地方に普

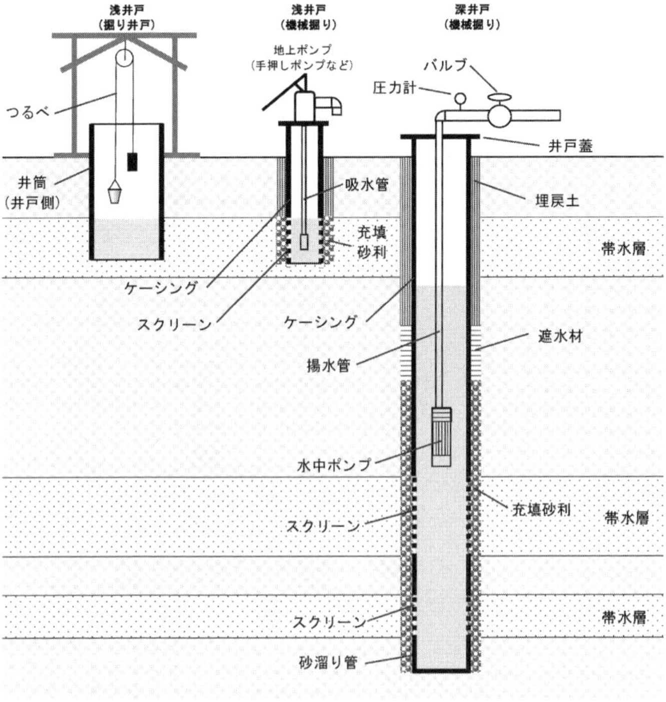

図 13-1　井戸構造の例

及していきます。千葉県上総《かずさ》地方（特に現在の君津市）に伝わった掘り抜き井戸の技術は，多くの改良（ハネギやシュモク，ヒゴ巻車など）が加えられ，明治時代後期には「上総掘《かずさぼ》り」と呼ばれるようになります[2]。上総掘りは日本各地で用いられ，100 ～数百 m の井戸が掘られました[3]。上総掘りは現在の「パーカッション式掘削」（後述）の原型ともいわれます。

機械掘りの時代へ

日本における最初の機械式井戸掘削は，1913 年（大正 2 年）

に，東京都新宿区下落合において，日本鑿泉《さくせん》合資会社によって行われました（**図13-2**）[3·4]。井戸口径（内径の直径）が約300mm，井戸深度は約150m，ロータリー式の掘削機を使用して掘削されました。これに引き続いて，熊本市や佐賀市，大牟田《おおむた》市などの上水道水源として機械掘りで井戸が作られ，この種の近代的な深井戸が次第に利用されるようになります[2]。現代では機械掘り技術の普及により，ほとんどの井戸が機械掘りによって作られています。

図13-2　日本初の機械式井戸掘削
（株）日さくHPより加筆引用

現代の機械掘り

次に機械掘りによる井戸の掘り方について説明しましょう。井戸掘りで重要となるのは，①地層を掘削する，②地層の掘り屑《くず》を孔外へ排出するという2点です。

地層を掘削する，つまり孔をつくる際には，パイプやワイヤの先端に，爪や刃のついたビットと呼ばれる器具をつなげて用います。このビットが地層を砕く，あるいは削りとって孔を深くしていくのです。この掘削は孔の中に泥水《でいすい》を加えながら行います。泥水《でいすい》は読み方を変えると“どろ水”になりますが，見た目は本当にどろ水のようにみえる液体です。しかし，掘削で用いる泥水にはいくつかの秘密があるのです。一つ目は，孔の中にポンプなどで泥水を循環させることで，ビットで掘削された地層の掘り屑を地上に排出する機能です。泥水の粘性を高めることで，泥水に取り込まれた掘り屑は沈みにくくなり，循環する泥水とともに地上まで上がってくることができます。二つ目は，孔壁の保護です。泥水中の粘土分が孔壁に張り付くことで孔を崩れにくくしてくれます。また，泥水の比重を高めることで，被圧地下水の湧出を抑え込むことができます。三つ目はビットの冷却です。掘削中は摩擦によってビットの温度が高くなるので，泥水によってビットを冷やします。井戸掘りにおいて泥水は大変重要なもので，地層や掘削条件に合わせて，泥水の比重や粘性などを調整することが必要です。

機械掘りの具体的な工法としては大まかに次の三つがあります[5)]。

1）パーカッション式

ワイヤロープの先端にビットを吊るし，これを上下に動かすときの落下の衝撃によって地層を砕いて掘削する工法です。掘り屑は泥水に浮遊させて，ベーラ（泥水を汲むための器具）で排出します。礫や玉石などの崩れやすい（未固結の）地層の掘削に適しています。

2）ロータリー式

回転するドリルパイプの先端にビットを取り付け，地上のボーリングマシンの回転・給進装置によりビットを回転させながら，地層に押し付けて掘削する工法です。掘り屑は泥水循環により除去します。

3）エアハンマー式（ダウンザホールハンマー（DTH）式）

先端にエアハンマーとビットを取り付け，このビットが往復打撃運動を繰り返しながら回転することで，地層を掘削する工法です。掘り屑の除去には圧縮空気を用います。パーカッション（打撃）とロータリー（回転）の長所を兼ね備え，硬い岩盤を早く掘削するのに適しています。

井戸仕上げと井戸の構造

機械掘りで掘削を行ったあとは，崩れて孔が塞がらないように井戸管を挿入して仕上げます。井戸管は穴のない筒の部分（無孔管）と地下水を井戸管内に取り込むために細かい穴が開いている部分（有孔管）からなります。無孔管はケーシングと呼ばれ，鋼管やステンレス管などの金属管を使用することが一般的です。一方，有孔管はスクリーンと呼ばれます。スクリーンには様々なタイプのものがありますが，管にスリット状に切れ込みを入れたもの（スリット型）や，ワイヤを巻いてスクリーンにしたもの（巻線型），管に丸孔を開け，管を覆うように巻線を巻き付けたもの（丸孔巻線型）などがあります（**図13-3**）。

スクリーンの外側には砂利が充填されます。充填砂利は地層中の砂が井戸内へ流入するのを防止するためのものです。充填砂利の粒径が大きすぎると防砂効果が低下し，小さすぎると水の流入を阻害してしまうため，地層中の粒子に見合った適当な大きさのものを充填します。ただし，岩盤の割れ目を流れる地

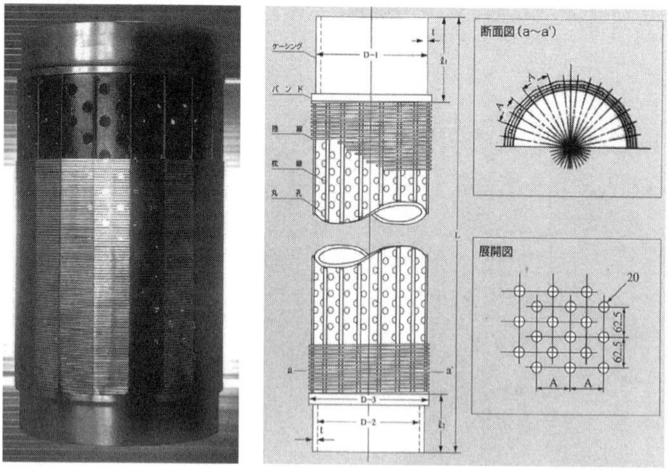

図 13-3　スクリーンの例

写真のスクリーンでは丸孔を開けた鋼管に巻線を張り付けている（丸孔巻線型スクリーン）

（株）日さく HP より転載

下水（裂罅水《れっかすい》）を取水する場合など砂の流入のおそれがない場合は，砂利充填を省略することもあります[5)]。目的とする帯水層以外からの水の流入を防ぐため，充填砂利の上位には，粘土やセメントなどで遮水を施します。

参考文献

1) 鐘方正樹（2003）：ものが語る歴史シリーズ⑧井戸の考古学．同成社，207p.

2) 地盤工学会（1985）：入門シリーズ 8 地下水入門．（社）地盤工学会，210p.

3) 水収支研究グループ（1973）：地下水資源学―広域地下水開発と保全の科学―．共立出版，397p.

4) 若林直樹（2017）：井戸を掘る 命をつなぐ．ダイヤモンド社，266p.

5) 全国さく井協会（2017）：さく井技能講習会テキスト．全国さく井協会，192p.

水が湧き上がる井戸があるのはどうしてですか？

Question 14

Answerer 利部　慎

なぜ井戸から水が湧くのか

水が湧き上がる井戸は実際に見ると非常に不思議でもあり神秘的でもあります。なぜ絶え間なく湧き続けるのかと疑問に思う方は多いと思います。このような自ら水が湧き上がる井戸を「自噴井《じふんせい》」といいます。この自噴井から地下水が湧き出すメカニズムを身近な例で見てみましょう。飲み物が入った紙パック容器を用意し，その側面をギュッと押しながらストローを挿してみます。すると，容器に圧力がかかりストローから紙パック内の飲み物が勢いよく出てきます。自噴井の地下ではこれと同様のことが起こっているのです。すなわち，紙パック容器のように圧力のかかっている場所が地下にも存在していて，そこに井戸を掘ることで，地下水が飲み物のように湧き上がってくるのです（井戸の構造は Q13 参照）。

不圧地下水と被圧地下水

では，そもそもなぜ地下水が圧力を受けるのでしょうか？この圧力には地下水が存在する地層（帯水層）の地下構造が大きく関係します。

図 14–1 のように平野部の地下において上から順に礫《れき》層，粘土層が交互に存在する地域で考えましょう。地下水利用の観点から礫層は帯水層，粘土層は難透水層と呼ばれますので，上から順に帯水層，難透水層，帯水層，難透水層が存在している状態です（Q1 参照）。一番上の帯水層は不圧帯水層，この層にある地下水は不圧地下水と呼ばれます。一方でその下の帯水層は，サンドイッチのように上下から難透水層で挟まれています。

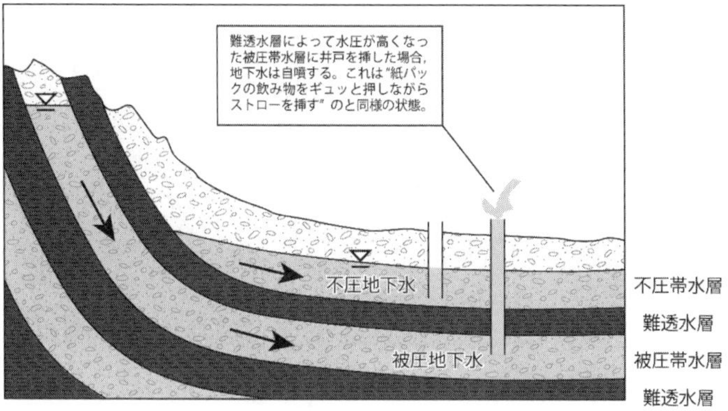

図 14-1　不圧地下水と被圧地下水

このような状態の帯水層を被圧帯水層といい，その中の地下水は被圧地下水と呼ばれます。このような場所で地面に井戸を掘削していくと，ある深さで井戸の中に水面が形成されます。この水面の高さを地下水位といいます（**Q1参照**）。不圧地下水の場合，井戸内に現れる水位は周囲の地下水面とほぼ同じ高さになります。一方，被圧帯水層は上下から難透水層で挟まれた状態で存在しますので，地下水に逃げ場がなく不圧地下水よりも高い水圧を受けた状態になります。すなわち，先ほどの紙パック容器の状態です。この圧力を受けた被圧帯水層に井戸を掘れば，地下水は井戸内へと流入し，結果的に井戸内における地下水位は周囲の地下水面よりも高くなります。強い圧力によりこの水位が地表面よりも高くなると，自ら地下水が湧き上がる自噴という現象となるのです（**図 14-2**）。

自噴井の見られる場所

自噴井から地下水が湧き続けるためには，常に地下水位が地面を超えるほど高い状態になっている必要があります。もし，自噴井の周辺で新しく井戸を掘り，過剰に地下水を汲み上げて

図 14-2　自噴井の様子

しまうと，地下水が受けている圧力が低下していきます。このため，地下水位が徐々に低下し，やがては地表面よりも高い状態を維持できなくなることで自噴が止まってしまいます。また，被圧地下水への涵養《かんよう》量が減少することでも，同様に地下水位が低下して自噴井が見られなくなる可能性があります。この要因としては，降雨量の大幅な減少や都市化の進行による土地被覆の変化（例えば地表がアスファルトで広く覆われるなど）などを挙げることができます。このように自噴井からは地下水が必ずしも常時湧き続けているわけではなく，人為的・自然的要因により，見られなくなる可能性があるのです。

自噴井が多く見られる地域の一つとしては熊本を挙げることができます。熊本は地下水がとても豊富な地域であり，このことは中心都市の熊本市で飲用水源を 100％地下水に依存していることからも分かります。このように地下水が豊富な理由としては，その背後にある阿蘇山における豊富な降水量，火山性地質であるゆえの高い地下水浸透能と貯水能を有すること，地形勾配が急であることが挙げられます。豊富な地下水に加えて，阿蘇山の噴火活動の休止期に堆積した湖成堆積物が難透水層の役割を果たすことで熊本地域では被圧地下水が形成され，自噴井が見られるのです。地下水の状態を知るために観測用の井戸（観測井《かんそくせい》）も多く設置されていますが，自噴する地域ではその地下水位を測定するために，井戸管が地上数mにまで到達する観測井も見られます（**図 14-3**）。

図 14-3　自噴地域における観測井
地下水位が地表面を超えるため，井戸管が地上数 m にも達します。右の観測井は熊本地震の影響で傾いたもの

近年，熊本地域では市街地の拡大や水田面積の減少が起きています。これに伴って徐々に地下水涵養量が低下し，自噴井からの地下水湧出量が減少する傾向が確認されました。この貴重な地下水資源を保全するために，休耕田を地下水涵養に利用するなど行政による積極的な地下水涵養政策が取られました。その結果，現在では地下水量の減少に歯止めがかかりつつあることが報告されています[1)]。不思議で魅力的な自噴井が見られる光景は，いつまでも守り続けたいものです。

参考文献　1）嶋田 純（2012）：モンスーンアジア地域における可能地下水涵養量を考慮した地下水資源管理．日本水文科学誌，**42**(2)，33-42.

井戸をどんどん深くしていくと地下水はどうなりますか？

Question 15

Answerer　町田　功

深さによって井戸の水位が変わる

今，皆さんは山にいてそこで**図 15-1** ①のような井戸を掘ったとしましょう。先端の部分にスクリーン（取水口）があります（**Q13 参照**）。井戸の中には水面がある高さに位置しています。この井戸のすぐ隣に少しだけ深い井戸を掘ったとします（**図 15-1** ②）。この井戸のスクリーンの位置は①よりもほんの少しだけ深いところになりました。このような場合でも井戸の水面はほとんど変化しません。では，仮にこの井戸をどんどん深くしていったらどうなるでしょうか。井戸をさらに深くしていくと，やがて井戸の中の水面は浅い井戸の水面とは異なる位置になるのです（**図 15-1** ③）。ほぼ同一地点にある井戸なのに井戸の深さで水面の深さが変わるなんて不思議なのですが，これは地下水が流れているために生じる現象です。一般に山地では井戸が深くなるほど井戸の中の水面は深くなっていき（**図 15-1** ①～④），逆に平野部では井戸の中の水面は深くなるほど浅くなります（**図 15-1** ⑤～⑦）。**図 15-1** ⑦では水面は地表近くになっていますが，その水面が井戸の管頭よりも高くなったものが自噴井です（**Q14 参照**）。

深さによって井戸水の味も変わる

井戸を深くしていくと井戸の水位が変わることを述べましたが，実は井戸水の味も少しずつ変わっていきます。山地で利用されている井戸の場合，多くの地域では浅井戸の地下水も深井戸の地下水も無色透明で無味無臭です。これは平野でも同様で，地下水の味は井戸を数～数十 m 程度深くしてもほとんど変化

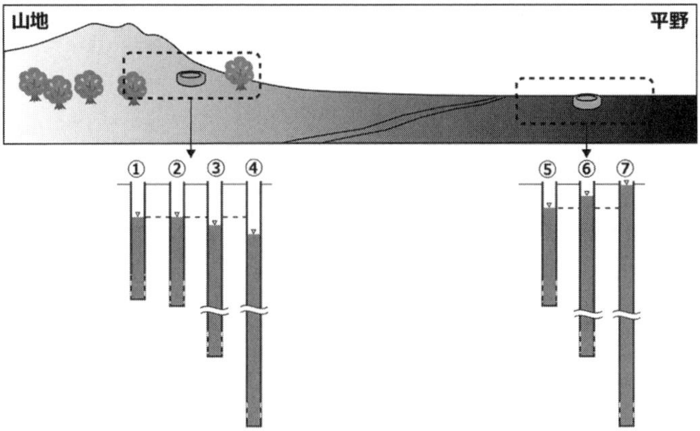

図 15-1　山地と平野部での井戸の深さと水位の関係

しません（非常に味覚の鋭い人には味の違いが分かるのかもしれませんが）。しかし，関東平野や大阪平野などの堆積層からなる平野部では，たとえ同一地点であっても深さによって地下水中の塩分が顕著に変化します。例えば，関東平野の久喜や行田のあたりでは深度 200m 以深から，浅層とは明らかに異なる塩分の地下水が認められます[1)]。さらに井戸を深くして深さ 1000m 以上になると地下水は徐々に塩辛くなり，さらに掘り進めると最終的には海水とほぼ同じ成分の塩水《えんすい》になります[2)]。これら深層の地下水はしばしば温泉として利用されています。地域にもよりますが一般的に地下水は浅層では真水（淡水），そして深層に向かって徐々に塩水に変わっていくというパターンが見られます。

地下水の味が変わる理由

上述のように，地表から深度 1000m くらいまでのスケールで見ると地下水の味は大きく変化します。このような深さによる違いの原因は次のように考えられています。平野部の地層はもともと海底に堆積した砂や泥などです（**図 15-2** ①）。そのため，地層の間隙中には海水と同じ組成の水が含まれています。このような海底での堆積が数十万年，数百万年…という長い期間にわたって続き，いつしか隆起して陸地になります（**図 15-2** ②）。陸地化すると真水の雨が地表に降り注ぎ，地層中へと浸み込むことで徐々に地層中の塩水を洗い流します。このようなプロセスが長い期間続くと，地表付近の地層には塩水がほとんど残っていない状態になります。私たちが今日住んでいる陸地の多くはこの状態のため，浅井戸からは無味の地下水を得られるというわけです（**図 15-2** ③）。しかし，今日においても地下深層では地下水の流れは非常に遅いため，地層

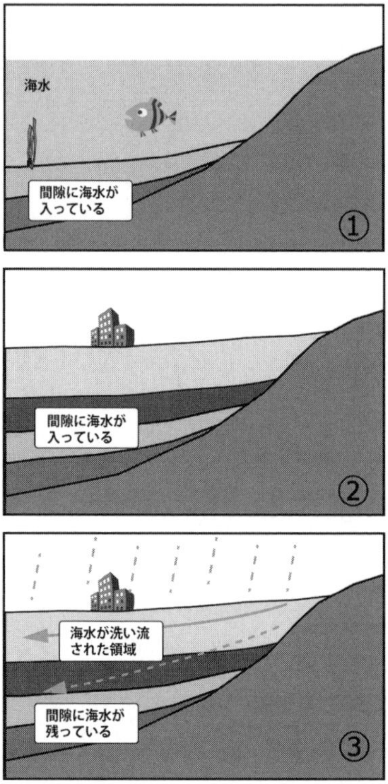

図15-2　深層に塩辛い地下水が存在する理由
①地層が海底に堆積し，地層の隙間には塩水が入り込みます。②堆積した地層が長い年月をかけて陸化します。陸化した直後には地層中に塩水が含まれています。③雨が降り地面に浸み込み，地下水となって流れていきます。これにより浅い地層中の塩水は洗い流されますが，深い領域の地層には塩水が残っています。

中の塩水は完全に洗い流されていません。つまり，地層堆積時の海水（化石海水あるいは古海水）が地層中にまだ残っているということです。

参考文献 1）林 武司・内田洋平（2005）：水文環境図 No.3「関東平野」，産業技術総合研究所地質調査総合センター
https://gbank.gsj.jp/WaterEnvironmentMap/main.html
2）鹿園直建（2017）：水資源の科学，オーム社，166p

Topic 7　沙漠の下の地下水

沙漠の地下に水はあるのかについては，あると言えます。ただし，水の在り方や水質などの点で特異な状況になっています。

メキシコ・チワワ沙漠

メキシコ北部のチワワ沙漠は，東シエラマドレ山脈と西シエラマドレ山脈とに挟まれて，降水量の少ない乾燥地になっています。しかし，クワトロ・シエネガスと呼ばれる土地には200もの沼や池が存在しています。それぞれの沼や池は直径が100 m以下の大きさですが，青く澄んだ水を湛え，小さな魚も多数棲んでいます[1)]。この水は遥か離れた山脈に降った雨水が地中に浸透し，1万年以上かけて200～300kmも地中を流動して湧き出してきた地下水とされています。湧き出す要因としては，断層によるものと石灰岩の割れ目や裂け目を流動してきているとされています（**図1**）。

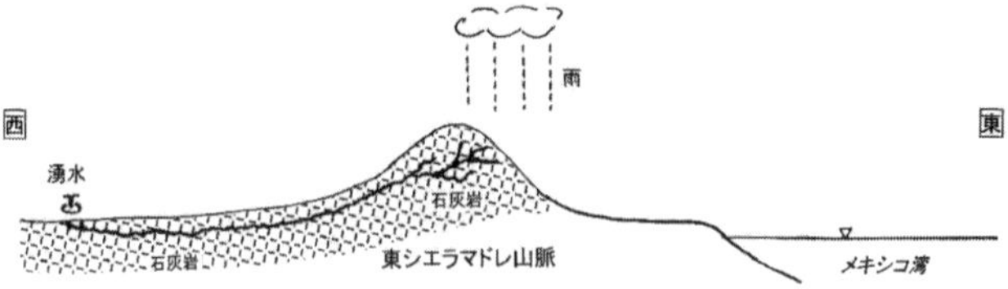

図1　メキシコ・チワワ沙漠の地下水

オーストラリアの大鑽井盆地

オーストラリアの内陸沙漠の東部に位置する大鑽井盆地では，深い井戸を掘ると被圧した塩辛い地下水が得られます。この地下水は，遥か東に1000km も離れたところにある大分水嶺山脈に降った雨水がもとであり，100万年以上もの年月をかけて地下を流動してきて，平原に掘られた自噴井の水として汲み上げられています。

中国西域・タリム盆地

タリム盆地内にあるタクラマカン沙漠にも地下水は存在しています。北の輪台と南の民豊を結び沙漠を約500km も横断する舗装道路として1995年に開通した沙漠公路沿いには，およそ4km 間隔でソーラーパネルを備えたポンプ小屋が建てられています[2·3)]。これは流砂防止のために道路沿いに植樹されたタマリスクや麻黄などの樹木に給水するための施設で，番人が居住していて定期的に電動ポンプで地下水を汲み上げています（**図2**）。また，中間地点である塔中のドライブインには浅井戸があり，手洗い用に使われています。地下水の水質に関しては，山麓部から流動するに連れて変化し，沙漠の中央部では塩辛い水になっています（**図3**）。なお，さらに地下深いところには石油が埋蔵されていて，その油田開発のためにこの沙漠公路が造られたといわれています。

図2　沙漠の中のポンプ小屋

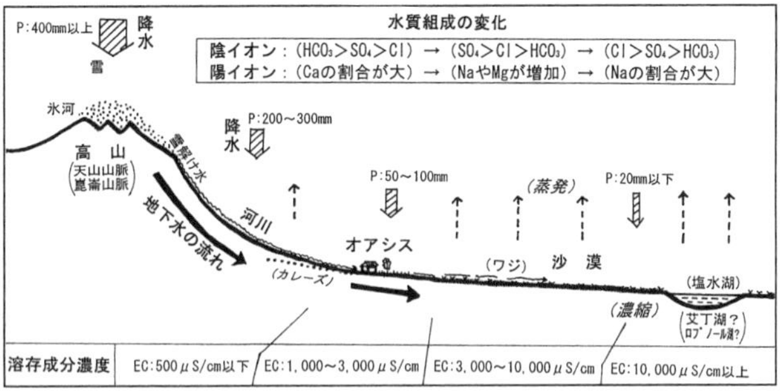

図３　タリム盆地での水質の変化

カレーズ

タリム盆地東のトルファン盆地では，カレーズ（中国語では坎児井または坎爾井）という横井戸式の地下水導水路があり，古くから生活用水や農業用水などに利用されています（**Q12 参照**）。1965 年頃には，カレーズの本数は約 1500 本，総延長は約 6500km もありましたが，最近では 1/4 に急減しています[3)]。その要因としては，カレーズの保全・管理が難しいことと地下水開発による電動ポンプの深井戸の普及があるようです。また，トルファンの町の南に位置するアイデン湖は海抜－154m にあり，極端な乾燥のために湖水が干上がり，塩の結晶が作られています。

参考文献
1) NHK-BS103 (2019)：壮麗な水と変貌する大地～メキシコ～. 2019 年 6 月 15 日放映 .
2) 島野安雄・西垣 誠・小松 満・孫 躍 (2004)：名水を訪ねて (65) 中国西域・タリム盆地の名水. 地下水学会誌, **46**(2), 159-174.
3) 島野安雄・藪崎志穂 (2017)：中国西域・タリム盆地とその周辺地域における水事情と水質特性. 茨城地理, **18**, 1-24.

（島野　安雄）

井戸水が枯れるのはどうしてですか?

Question 16

Answerer　竹内 真司

井戸枯れとは

地下水は帯水層と呼ばれる砂層や礫《れき》層など，水を通しやすい地層に多く含まれています。この地下水は山に降った雨が地下に浸透し，長い時間をかけて地層中を移動してきたものです。私たちはこのような地下水を井戸水としてしばしば利用します。帯水層の広がりが大きいほど，またこの層が厚いほど多量の地下水を含んでいると考えられます。しかしながら，時に井戸から汲めていた地下水の量（揚水量）が減り，完全に揚水できなくなることがあります。このような現象は一般に「井戸枯れ」と呼ばれています（**図 16-1**）。

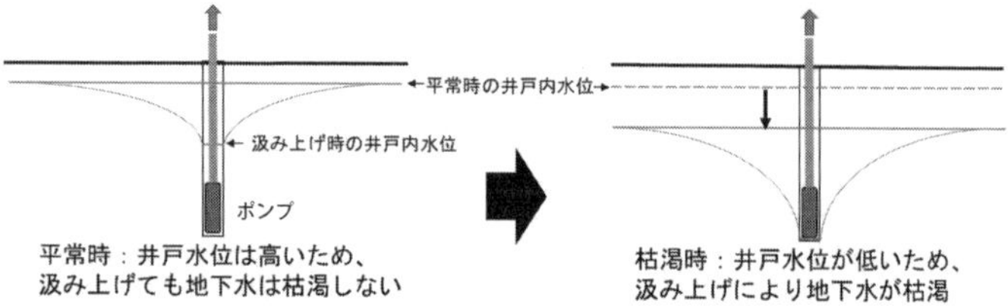

図 16-1　井戸水の汲み上げと井戸枯れ

井戸枯れの原因

井戸枯れの原因としては以下のようなものが考えられます。

① 過剰揚水
② 井戸におけるスクリーンの目詰まり
③ 周辺での掘削を伴う工事や汲み上げ
④ 渇水
⑤ 地震

①過剰揚水による井戸枯れの原因としては，大量の地下水の

汲み上げが行われた後，帯水層から井戸への地下水の流入に時間がかかることで，井戸中の地下水位の回復が遅くなることが挙げられます。井戸内の水位回復にそれまでと比べて著しく時間がかかる場合には，②井戸におけるスクリーンの目詰まりが起きていることも考えられます。このような目詰まりは帯水層中の粒子や地下水中に含まれている成分の析出物などが析出することで生じることが考えられます（Q17 参照）。③周辺での掘削を伴う工事による井戸枯れについては，井戸水を揚水しているのと同じ帯水層を工事で掘削する際に，この地層から地下水が流れ出て水位低下を起こさないよう適切な止水を施さない場合などに生じます。一方で，井戸周辺や上流域での降雨がほとんどない渇水状態が続けば，地表部から地下水への水の供給量が減少するため，帯水層中の地下水量も減少します。この結果，④渇水による井戸枯れが生じます。このような直近の降水量に影響されるのは比較的浅い帯水層の地下水ですから，井戸が取水する帯水層の深度を理解しておけば，渇水による井戸枯れの可能性については予測できるでしょう。⑤地震による井戸枯れについては，大きな地震の際にしばしばニュースになることがあります。例えば阪神・淡路大震災（兵庫県南部地震，1995 年）や東日本大震災（東北地方太平洋沖地震，2011 年），さらには熊本地震（2016 年）の際に，いくつか井戸枯れが報告されています[1]。最近の研究では，地震時に生じる地盤の伸び縮みがこの井戸枯れに影響を与えると指摘されています（Q41 参照）。すなわち，地震による地盤の伸び縮みや地盤の隆起・沈降が生じることで帯水層が変形し，この影響によって地下水面の高さが変化するというものです。このため，地震を原因とする井戸内の水位変動としては低下する場合もあれば，上昇する場合もあります。しかしながら，地震によって地下水位の変化が計測された事例は必ずしも多くなく，より詳細なプロセス解明のためには今後の更なる研究が待たれます。

井戸枯れを防ぐために

井戸枯れを未然に防いだり，あるいはその影響をできるだけ少なくしたりするために，私たちは何をすべきでしょうか？まず大事なことは，日頃から井戸の状態を理解しておくことです。具体的には，井戸内の地下水位の測定や井戸水の使用量などを記録しておくことが重要です。地下水位の測定を行う上では手測式《てばかり》の水位計がしばしば使用されます。この装置は，センサーが水に触れるとブザーやランプによって井戸内の水位を知らせてくれるものです。このような器具を用いて定期的に測定し記録しておくと良いでしょう（Q8参照）。また最近では，一定の時間間隔（秒単位～）で自動的に水位を記録することができる自記水位計も販売されていますので，これを活用しても良いでしょう。井戸水の使用量については，揚水する配管に積算流量計を設置することで使用量を把握することができます。これと併せて井戸内の地下水位の変化などを見ていくことで，井戸枯れが起こることを事前に予測できる場合があります。

さらに井戸周辺で地盤の掘削を伴う大規模な工事の有無を調べることも必要です。工事の実施側の取り組みとしては，掘削工事の際に土砂の崩壊や地下水の侵入を防ぐために鋼矢板などの遮水壁を設置したり，いったん湧き出した地下水を元の帯水層に注入するリチャージウェル工法などを実施したりすることがあります。

目詰まりが原因で地下水位が低下したり，揚水量が減少したりする場合は，井戸の洗浄を行うと良いでしょう。井戸の洗浄は専門の井戸会社に相談してください。

貴重な資源としての地下水保全のために

地下水は全地球の水の量のわずか１％にも満たない貴重な資源です（Q3 参照）。井戸水は，飲み水，生活用水をはじめ，災害時には重要な水源となり得ます。この地下水を枯渇させることなく，また汚染を防止しつつ，将来にわたって永続的に利用できるよう，一人一人が地下水保全を意識することが重要です。現世代や将来世代の人々のことを想いながら，井戸水の利用を心がけたいものです。

参考文献　1）社団法人全国さく井協会（2012）：東日本大震災による井戸の被害調査報告書（平成 24 年 7 月），30p.

井戸水や湧水が濁ったり，異臭がしたりするのはどんなときですか？

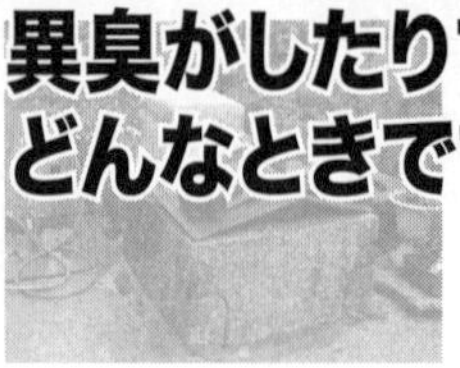

Question 17

Answerer 古川 正修

井戸水や湧水が濁ったり，臭うとき

井戸水や湧水は，雨水や地表水が地下に浸透して地下水となり地層中をゆっくり流動した後，私たちが目にすることのできる形となって現れたものです。このような過程を経た地下水は地層を通過する際にろ過されるので，濁りや臭いの問題が生じることはまれです。

しかし，次のような場合には，濁りや臭いの問題が生じることがあります。

① 鉄やマンガンが多く地下水中に含まれるとき

② 帯水層中の粒子が地下水中に混入したとき

③ 地表からの粒子が井戸を伝って直接混入したとき

④ 井戸内に濁り・異臭の原因物質が生成され，これが剥離《はくり》したとき

⑤ 硫化水素が地下水中で発生したとき

⑥ 有害物質が地下水中に溶出・混入したとき

濁りや臭いの特徴と発生メカニズム

①地下水に含まれる鉄やマンガンが多いと，井戸水や湧水は時間の経過とともに褐色（他の色の場合もあります）に濁り，金気臭《かなけしゅう》がします。これは，酸素が少ない状態（嫌気状態）の鉄やマンガンが空気に触れて酸化し，水に溶けにくい物質に変化するためです（**図 17-1**）。

②帯水層中の粒子が地下水に混入すると白色や灰白色などに濁ります。多くの場合，その粒子の正体は土粒子であり，これにより土臭が発生します。このような粒子の混入は，地盤の開

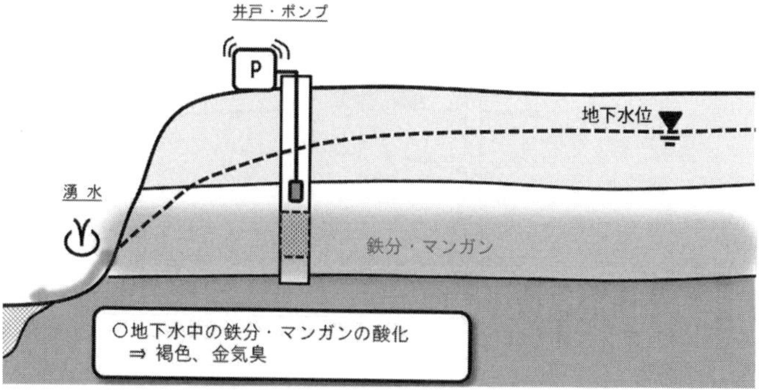

図 17-1　地下水に鉄やマンガンが多く含まれる場合の濁りと臭い

削や攪拌《かくはん》，トンネルの掘削，薬液注入などを伴う地下工事（**図 17-2**），さらには豪雨で濁った河川水の混入などによって生じます。

③井戸は地表と地下をつなぐパイプのような構造をしているので，地表からの粒子が井戸を伝って混入することがあります。井戸の上端部が地面に近い場合には，豪雨などで地面が湛水《たんすい》すると，その水が井戸内に入り込みます。また，井戸を作った際の孔（掘削孔）と井戸管の間にある隙間の地表部分はセメントなどで止水しますが，経年劣化すると，隙間を通って地表の濁った水が地下に入ってしまいます。

④井戸内に原因がある場合としては，揚水ポンプの吸込口や井戸スクリーンに付着したスケール（ごみ）が地震の揺れなどで剥離し，これが井戸水の濁りや臭いの原因になることもあります（**図 17-3**）。スケールは鉄・カルシウム・シリカ成分からなるものがありますが，その生成については井戸のある地域の地質や地下水の水質特性により異なるため，これによる濁りの色合いや臭いは多様なものとなります。

⑤硫化水素が発生した場合には，濁りはありませんが硫化水素臭（卵の腐ったような臭い，ドブ臭，腐敗臭）がします。硫

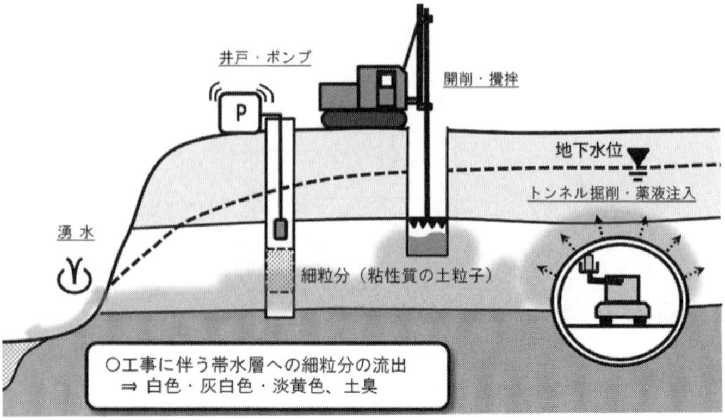

図 17-2　地下工事に伴い細粒分が流出した場合の濁りと臭い

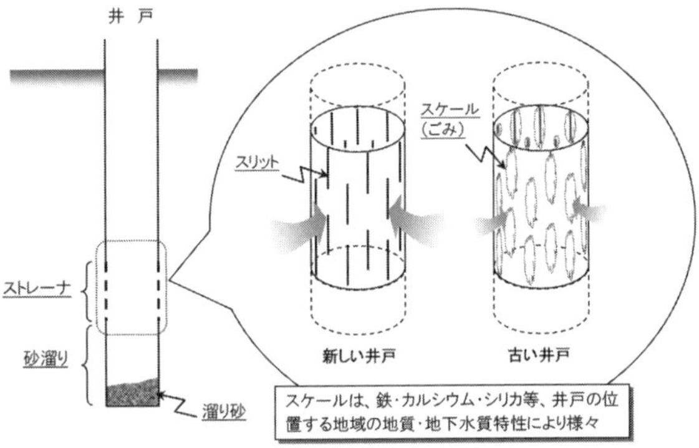

図 17-3　井戸スクリーンへのスケールの付着

化水素は，有機物と硫酸イオンを多く含み，かつ嫌気状態にある地下水において，硫酸塩還元菌が有機物をエネルギーとして硫酸イオンを還元することで発生します[1)]（**図 17-4**）。

⑥工場などから地下に漏洩《ろうえい》したガソリンや有機溶剤などに含まれる有害物質で汚染された地下水も，濃度が高ければ濁りや臭いを伴う場合があります（**図 17-5**）。有害物質のうち揮発性有機化合物（テトラクロロエチレン，トリクロロエチレン，ベンゼンなど）などは無色透明ですが，独特の甘い臭いがします。

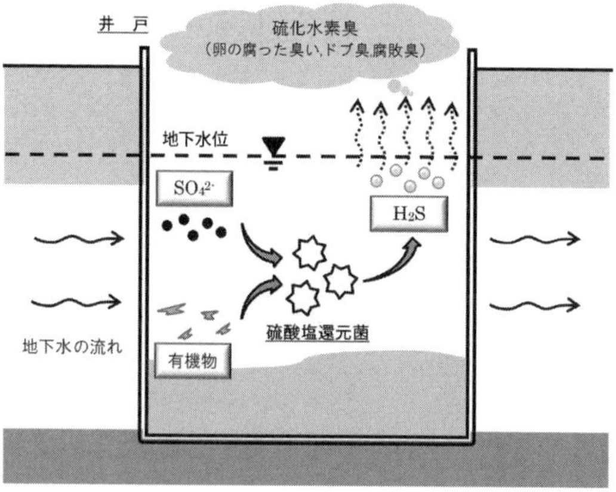

図 17-4　硫酸塩還元菌による硫化水素の生成

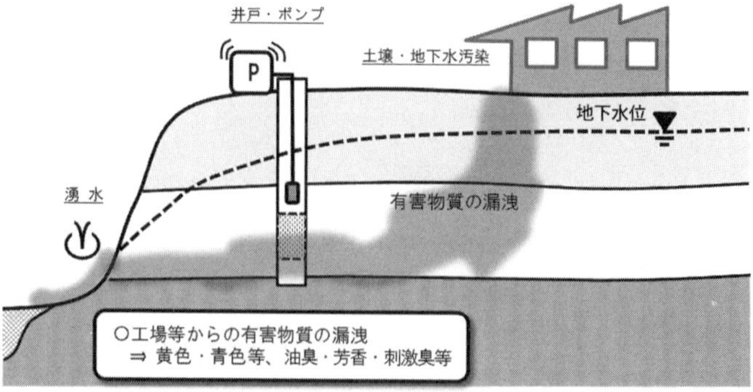

図 17-5　有害物質により地下水が汚染された場合の濁りと臭い

また，重金属類の六価クロム化合物が混入すると地下水は黄色味を帯びたものになり，ふっ素やシアンの化合物では刺激臭がします。

参考文献　1）日本地下水学会（2011）：地下水用語集．理工図書，117p.

Section 3 地下水・湧水の利用と保全

御台所清水（秋田県仙北郡美郷町）［昭和の名水百選（六郷湧水群）］
周辺の住民に生活用水として利用されている

浜の川湧水の水場（長崎県島原市）［昭和の名水百選（島原湧水群）］四つに洗い場が区切られ，上流側（写真下）から魚・食品洗い場，食器・食品すすぎ場，食器・食品洗い場，洗濯場と順に湧水が利用されるようになっている

地下水の人工涵養池（秋田県仙北郡美郷町）
表土を剥ぎ砂礫層を入れた涵養池より９月から翌年３月まで７カ月間水を張ることによって地下水が涵養されている

地下水や湧水はどのようなことに利用されているのですか？

Question 18

Answerer　利部　慎

地下水利用の現状

日本において地下水は，生活用水（飲料用・調理用・浴用等），工業用水（飲食品製造業・原料用・洗浄用・冷却用等），農業用水（農作物栽培用・温調用等），養魚用水，さらには都市蓄熱（ヒートポンプ・ヒートパイプ等）や，湧水公園等の環境用水といった多様な用途に利用されています。このうち，生活用水・工業用水・農業用水の三つの用途で全体の約 85％を占めています。しかし，量的な点から見ると，日本では河川水をはじめとする地表水の利用量が多いため，すべての水使用量に占める地下水の使用量の割合（地下水依存率）は，生活用水で約 21％，工業用水で約 27％，農業用水では約５％と，地下水よりも地表水の使用量が多いのが実態です[1)]。また普段，地下水はなかなか目にすることができない水資源ですので，地下水がどのように利用されているのかをイメージしにくいかもしれません。

ここでは，普段の生活であまり馴染みのない地下水について，その特徴や具体的な利用事例について紹介します。

地下水の特徴

地下の地層中をゆっくりと移動してきた地下水は，自然のろ過や浄化作用を受けているため，一般的に河川水や湖沼水に比べてその質は非常に良好です。また，量については，近年の温暖化に伴う異常気象とも言える降水量の大きな変化があると，河川水などの地表水は著しく水量が増加し氾濫が発生したりします。それに対し地下水は，帯水層（地下水で飽和した透水性の良い地層）の緩衝的な効果のため，激しい降雨あるいは無降雨などがしばらく続いてもその影響を直接受けにくく量的に安定した水資源となります。また，水温も安定していることが特徴であり，帯水層内の地下水温度は年間を通してほぼ一定と言われています。そのため，夏でも冬でもほぼ同じ水温になり，夏に冷たく冬に温かく感じます（Q21 参照）。

地下水の利用方法

質や量の安定性という特徴を有した地下水や，それが地上に顔を出した湧水は，その特徴を活かして様々な場面で利用されていますので，いくつか紹介します。

名水百選という言葉を聞いたことがあるでしょうか。これは全国各地の湧水や地下水などを対象として，昭和時代と平成時代にそれぞれ100地点ずつ環境省が選定したもので（Q29 参照），選定されるための条件としては，「水質・水量・周辺環境・親水性の観点から見て，状態が良好」や「地域住民等による保全活動がある」などがあります[2)]。この名水百選の一つである島原湧水群（長崎県）では，島原市内に多くの湧水が湧き出していますが，数ある湧水の中でも最も市民生活と結びついている「浜の川湧水」を訪ねると，特徴的な湧水の利用形態を見ることができます。湧き出した湧水は「コ」の字型に囲まれた水場に運ばれ，時計回りに流れる仕組みになっています。そして，上流から下流側にかけて「食品の洗い場」，「食器すすぎ場」，「食器洗い場」，「洗濯場」とエリアが区切られており，上流ほどきれいな湧水を使えるようにその利用規則が厳格に定められています（**図 18-1**）[3]。この浜の川湧水には，地元の方々が三々五々やってきては飲み水を汲んだり野菜などを洗ったりする姿が見られ，和やかな雰囲気のある湧水です（**Section3 中扉参照**）。

また，同じく名水百選に選定された安曇野わさび田湧水群（長野県）では，北アルプスからの雪解け水が豊富に湧き出し，夏季でも水温が15℃未満である特徴を活かしてわさび栽培に利用されています（**図 18-2**）。わさびは極めて限られた環境条件下でしか生育しないと言われており，その条件として水量が豊富であること，年間を通じて水温が10～15℃の範囲にあること，夏季の冷涼な気候と，直達光の少ないことなどが挙げられています[4]。直達光の項目を除けば，安曇野の湧水はわさび栽培の必要条件をすべて満たしているといえ，安曇野市の名所の一つとなっています。

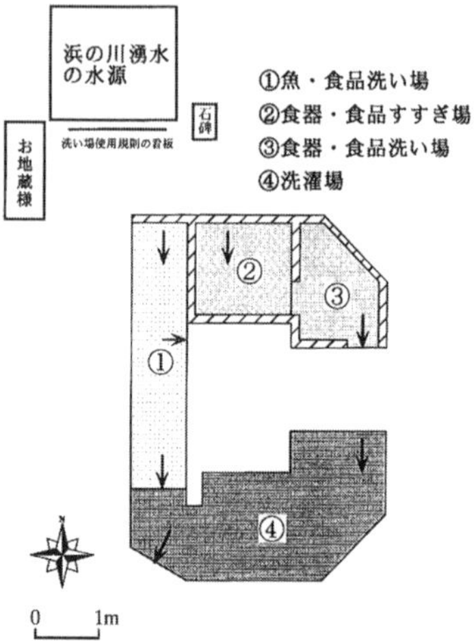

図 18-1　浜の川湧水の水場見取り図

図 18-2　安曇野わさび田湧水群

ところで，皆さんは自分が住んでいる地域の水道水の水源をご存知でしょうか。日本の自治体の約 74％はダム貯留水・河川水・湖沼水といった地表水を水道水源にしています。一方で，地下水（井戸水）を水源としているのは約 19％と低い割合です（平成 27 年度[5)]）。地表水は厳しい水道水質基準を満たすために幾重にも及ぶ水処理をする必要がありますが，自然の力でろ過された地下水は水処理のプロセスが少ないことから，地下水を水道水源とする自治体の水道料金は相対的に安くなると言われています。九州・沖縄の各県庁所在地の水道料金を比較すると，最も低いのは地下水都市として有名な熊本市です。こうした水道料金という視点からも地下水の恩恵が見えてきます。

参考文献

1) 国土交通省（2020）：水資源：地下水利用の現状．http://www.mlit.go.jp/mizukokudo/mizsei/mizukokudo_mizsei_tk1_000062.html．（2020 年 1 月 30 日閲覧）
2) 日本地下水学会・井田徹治（2009）：見えない巨大水脈　地下水の科学．講談社，270p.
3) 高村弘毅・河野 忠・島野安雄（1999）：名水を訪ねて（44）長崎県の名水―島原湧水群―．地下水学会誌，**41**（1），35-44.
4) 松田松二（1990）：名水を訪ねて（9）安曇野の湧水．地下水学会誌，**32**（1），53-60.
5) 日本水道協会（2019）：水道資料室：日本の水道の現状 http://www.jwwa.or.jp/shiryou/water/water.html（2019 年 12 月 19 日閲覧）

地下水や湧水は飲んでも大丈夫なのですか？

Question 19

Answerer 中島　誠

地下水や湧水を飲んでも大丈夫ですか

地下水や湧水は，不飽和帯（Q1 参照）を浸透し，帯水層の中を流れる間にろ過されたりして，不純物や病原性の細菌などが取り除かれた水です。そのため，地下水や湧水は，古くから多くの人に飲み水や炊事用，洗面用などに利用されてきました。

また，現代においても，多くの地域で地下水や湧水は家庭用や業務用の飲み水や上水道の水源として使われており，ミネラルウォーター類としても販売されています。

このように，地下水や湧水は飲み水に適した水ですが，一方で，そのまま飲めない地下水や湧水もあります。それは，周辺で有害物質や生活雑排水が地下に浸透したことにより汚染されている場合や，自然状態の岩石や土壌から溶け出した重金属などにより汚染されていることがあるためです。

地下水や湧水を安心して飲むために

それでは，どのようにすれば地下水や湧水を安心して飲むことができるのでしょうか。地下水や湧水を安心して飲むためには，あらかじめ飲み水に適した水質であることを確認するとともに，定期的に水質を調べて安全な状態が維持されていることを確認することが重要です。

地下水や湧水を水源とする水道水については，浄水処理や殺菌処理が行われた後の水質が水道法による水質基準（**表 19-1**）に適合することを定期的に確認した上で供給されているので，安心して飲むことが可能です。

井戸水や湧水を直接飲む場合については，水道法による規制

表 19-1　水道法に基づく水道水の水質基準および飲用井戸等衛生対策要領の定期水質検査項目（2022 年 1 月現在）

	NO.	項目	水質基準値	区分	飲用井戸等衛生対策要領※
健康に関する項目	1	一般細菌	100 個 /mL 以下	病原性微生物	○
	2	大腸菌	検出されないこと		○
	3	カドミウム及びその化合物	0.003mg/L 以下	金属類	
	4	水銀及びその化合物	0.0005mg/L 以下		
	5	セレン及びその化合物	0.01mg/L 以下		
	6	鉛及びその化合物	0.01mg/L 以下		
	7	ヒ素及びその化合物	0.01mg/L 以下		
	8	六価クロム化合物	0.02mg/L 以下		
	9	亜硝酸態窒素	0.04mg/L 以下	無機物質・無機化合物	○
	10	シアン化物イオン及び塩化シアン	0.01mg/L 以下		
	11	硝酸態窒素及び亜硝酸態窒素	10mg/L 以下		○
	12	フッ素およびその化合物	0.8mg/L 以下		
	13	ホウ素及びその化合物	1.0mg/L 以下		
	14	四塩化炭素	0.002mg/L 以下	一般有機化学物質	
	15	1,4-ジオキサン	0.05mg/L 以下		
	16	シス-1,2-ジクロロエチレン及びトランス-1,2-ジクロロエチレン	0.04mg/L 以下		
	17	ジクロロメタン	0.02mg/L 以下		
	18	テトラクロロエチレン	0.01mg/L 以下		
	19	トリクロロエチレン	0.01mg/L 以下		
	20	ベンゼン	0.01mg/L 以下		
	21	塩素酸	0.6mg/L 以下	消毒副生成物	
	22	クロロ酢酸	0.02mg/L 以下		
	23	クロロホルム	0.06mg/L 以下		
	24	ジクロロ酢酸	0.03mg/L 以下		
	25	ジブロモクロロメタン	0.1mg/L 以下		
	26	臭素酸	0.01mg/L 以下		
	27	総トリハロメタン	0.1mg/L 以下		
	28	トリクロロ酢酸	0.03mg/L 以下		
	29	ブロモジクロロメタン	0.03mg/L 以下		
	30	ブロモホルム	0.09mg/L 以下		
	31	ホルムアルデヒド	0.08mg/L 以下		
水道水が有すべき性状に関する項目	32	亜鉛及びその化合物	1.0mg/L 以下	色	
	33	アルミニウム及びその化合物	0.2mg/L 以下		
	34	鉄及びその化合物	0.3mg/L 以下		
	35	銅及びその化合物	1.0mg/L 以下		
	36	ナトリウム及びその化合物	200mg/L 以下	味覚	
	37	マンガン及びその化合物	0.05mg/L 以下	色	
	38	塩化物イオン	200mg/L 以下	基礎的性状	○
	39	カルシウム, マグネシウム等（硬度）	300mg/L 以下		
	40	蒸発残留物	500mg/L 以下		
	41	陰イオン界面活性剤	0.2mg/L 以下	発泡	
	42	ジェオスミン	0.00001mg/L 以下	におい	
	43	2-メチルイソボルネオール	0.00001mg/L 以下		
	44	非イオン界面活性剤	0.02mg/L 以下	発泡	
	45	フェノール類	0.005mg/L 以下	におい	
	46	有機物（全有機炭素（TOC）の量）	3mg/L 以下	味覚	○
	47	pH 値	5.8 以上 8.6 以下	基礎的性状	○
	48	味	異常でないこと		○
	49	臭気	異常でないこと		○
	50	色度	5 度以下であること		○
	51	濁度	2 度以下であること		○

※　飲用井戸等対策要領における一般飲用井戸および業務用飲用井戸の定期水質検査項目

の対象にはなっていませんが，厚生労働省から地方自治体に対して「飲用井戸等衛生対策要領」が通知されているので，これにしたがって衛生対策をとることが必要です。この要領では，飲用井戸等の設置者や管理者に対して，飲用井戸等を新たに設置したときは水道法の水質基準（51 項目）について水質検査を行い，安全性を確認してから使用を開始すること，井戸や湧水およびそれらの周辺を常に清潔にして，みだりに人や動物が侵入できないように管理すること，および水道法の水質基準のうち 11 項目（**表 19-1** の右端の列で○を付けた項目）や周辺の水質検査結果などから判断して必要となる事項について定期的に水質検査を行い安全性が確保されているのを確認することが求められています。なお，井戸水や湧水がポリタンクやペットボトルなどに汲まれて持ち帰られている光景をよく目にしますが，これらの水の大半は殺菌や消毒などの処理が何も行われていないため，時間が経過すると雑菌などが繁殖して飲み水には適さなくなる可能性があります。そのため，持ち帰った地下水や湧水は早めに飲み水として利用するよう注意が必要です。

ミネラルウォーター類については，食品衛生法の「食品，添加物等の規格基準」により成分規格が定められています。日本のミネラルウォーター類は，地下水や湧水に殺菌処理などを加えた後の状態が成分規格に適合することを確認し，安全性が確保されている状態で販売されています。

ピロリ菌への感染については心配ありませんか

胃がんや胃・十二指腸潰瘍などの発症に関与するとして，近年，ピロリ菌（ヘリコバクター・ピロリ）への感染が注目を浴びています。感染経路はまだ明確には解明されていませんが，口を介した感染や幼少期の生水の摂取が大部分であると考えられており，上下水道があまり普及しておらず，衛生状態が悪かった頃の井戸水や河川水などが感染源として疑われています。

上下水道が普及した今日において地下水や湧水にヘリコバクター・ピロリが存在しているかどうかについて，いくつかの地域で研究された結果が報告されています。それらの研究結果では，一部の井戸水からこの細菌が検出されており，自然環境中に普遍的に存在している可能性が示唆されています[1・2]。

地下水や湧水を飲むこととヘリコバクター・ピロリへの感染の関係はまだ解明されていないようですが，関係があるとしても，水道水として飲む場合は塩素消毒の段階でヘリコバクター・ピロリは死滅しますし，直接飲む場合は煮沸してから飲むことで不活性化して感染源とならなくなります。

参考文献
1) Horiuchi,T., Ohkusa,T., Watanabe,M, Kobayashi,D, Miwa,H. and Eishi,Y.（2001）: Helicobacter pylori DNA in drinking water in Japan. Microbaiol. Immunol., **45**(7), 515-519.
2) 今西康次・緒方健志・松塚敦子・田崎貴子・藤岡利生・明石光伸・牧野芳大・西園 晃（2003）: 飲料用井戸水中の Helicobacter pylori 存在に関する疫学的検討．感染症学雑誌，**77**(1), 18-23.

地下水や湧水はミネラルが豊富でおいしいというのは本当ですか？

Question 20

Answerer 藪崎 志穂

日本の飲料水（水道，ペットボトル水）について

多くの皆さんは，水は無色透明，無味無臭であると認識していることでしょう。確かに，コーヒーや紅茶，果汁のような飲み物に比べると味はほとんどしませんが，水道水やペットボトルの水（ミネラルウォーター）など，複数の水を飲み比べたとき，味に敏感な人はわずかな味の違いを感じ取るかもしれません。自宅の水道水など，毎日同じ場所の水を飲むのであれば味の変化はほとんどないはずですが，遠くの親戚の家や旅行先の水道水を飲んだとき，市販されているペットボトル入りの水で種類の異なるものを飲用したときなど，味の変化を感じたことはないでしょうか。市販されているペットボトル水にはたくさんの種類があり，それぞれ採水地が異なるので，場所や地質などの条件により味にも違いがあることは想像に難くありません。

おいしい水の条件

それでは，私たちは一体どのような水を「おいしい」と感じるのでしょうか。甘い，辛い，苦いといった味覚であれば比較的表現しやすいのですが，水のおいしさを具体的に示すのは，実は結構難しいことです。なぜならば，味の感じ方は人によって異なりますし，同じ人が飲む場合でも，水温や気温，体調などによって味覚に差異が生じるからです。すべての人がおいしいと感じる水の条件を示すのは困難ですが，多くの人がおいしいと感じやすい水の条件については 1985 年 4 月に厚生省（現・厚生労働省）の諮問機関である「おいしい水研究会」がまとめた「おいしい水の要件[1]」が参考になります（**表 20-1**）。

表 20-1　おいしい水の要件[1]

項目	内容	数値
蒸発残留物	水に溶存しているミネラルなどの含有量を示します。蒸発残留物が多いと苦みや渋味などが増加します。	30 ～ 200mg/L
硬度	水に含まれるカルシウムとマグネシウムの濃度から求めた値です。硬度が低い水（軟水）は味にくせがなく，高度が高い水（硬水）はややくせのある味になります。一般的にマグネシウムの多い水は苦みが増します。	10 ～ 100mg/L
遊離炭酸	水に溶存している炭酸ガスを意味します。この成分が含まれると水の味はさわやかになりますが，溶存量が多いと刺激が強く飲みにくくなります。	3 ～ 30mg/L
過マンガン酸カリウム消費量	有機物の含有量を示しています。この物質が多く溶けていると，渋味が強くなります。	3mg/L 以下
臭気強度	悪臭物質の臭いの度合いを示したものです。値が高くなるほど臭いが強くなり，不快に感じます。	3 以下
残留塩素	水にカルキ臭を与え，濃度が高いと水の味を損ねます。	0.4mg/L 以下
水温	夏場に水温が高くなると，あまりおいしくないと感じます。冷やすことにより，おいしく飲めるようになります。	20℃以下

硬度や水温などの七つの項目について数値が示されており，この値の範囲内にある水は多くの人がおいしいと感じやすいとされています。その他にも，28 種類の地下水や湧水を複数の人に飲用してもらい，水の味について聞き取りした調査が行われており，回答を統計学的な手法を用いて解析した結果，水の味を「清涼感」「口あたり」「におい」「後口」「渋味」の五つの因子によって区別・評価していることが明らかにされました[2]。これは**表 20-1** のおいしい水の要件と概ね一致していますので，水の味にはこうした条件が関わっているというのは間違いないと思われます。ただし，前述したように，すべての人に当てはまるというわけではないことには留意する必要があります。

ミネラルとは

表 20-1 にもあるように，水の味は溶存しているミネラルも関わっています。ミネラルとは鉱物，無機物，栄養素として生理作用に必要な無機物（カルシウムや鉄など）を意味しており，これらの無機塩類が溶存した水をミネラルウォーターと呼んで

います。ミネラルは主に地質（土壌，岩石）から供給されているため，一般的に，地下水などの水が地中に滞在している時間（滞留時間）が長いほど，溶存する成分は多くなります。複数あるミネラルの中でも特に味と関連しているのはカルシウムとマグネシウムです。この両元素が水に溶けるとイオンとなりますが，これらの濃度と味の関係を示すときによく使われているのが硬度です。硬度を表す方法は国により異なりますが，日本やアメリカではカルシウムとマグネシウムの量を炭酸カルシウム量（$CaCO_3$）に換算したものであり，WHO（世界保健機関）の定義[3)]では，硬度（mg/L）が 0 ～60 未満は軟水，60～120 未満は中程度の軟水，120～180 未満は硬水，180 以上は非常な硬水とされています。日本の水道や地下水など多くは軟水に区分されますが，石灰岩が分布しているイギリスやフランスなど海外の地下水では非常な硬水に区分される場合が多いです。日本では滞留時間が比較的短い水が多いため，溶存する成分が少なく硬度の低い水の割合が高くなっています。例えば山の奥にある湧水は，人為的な影響が及びにくく，溶存成分量は少なく，水温は低いため，おいしく飲みやすいと感じる人が多いですが，鍾乳洞の地下水や石灰岩が広く分布する地域などでは硬度が比較的高い水もあり，口に含むと独特の味や苦みを感じ，やや癖があり飲みにくいと感じる人もいます。私たちが一般的に口にする水道水の水源は，ダム貯留水や河川水，湖沼水，井戸水，これらを混合したものなどですが，ダムや河川が水源となる割合が高く（平成 27 年時点で各 47.8%，25.2%）[4)]，条件によっては水の臭いや不快な味を多少感じることもあります。

一方，地下水を水道水源として利用している地域もあり（同19.2％）[4]，熊本県熊本市や山梨県忍野村などがその一例で，それぞれ阿蘇山や富士山を起源とする地下水が水源となっています。火山性の地層は一般的に透水性が良く，降水として降った水の多くを浸透させるため，地下には豊富な地下水が貯留されています。地下水は地層を流れる間にろ過され不純物を取り除き，一方で地層から適度なミネラルが供給されるため，水がおいしいと感じる条件がそろっていると言えます。

では，最初の問いに戻りましょう。「地下水や湧水はミネラルが豊富でおいしいのか？」ですが，地下水や湧水に溶けているミネラルの量はどこの水かで違いますし，軟水が好きな人もいれば，硬水の方がおいしく感じる人もいます。強いて回答するとすれば，「地下水や湧水で，ある程度のミネラルを程よく含む水はおいしいと感じることが多いようです」ということでしょうか。実際に各地にある地下水や湧水を訪ね，口に含んでみるのも良いかもしれません。ぜひ，いろいろな水を味わって，ご自身の回答を見つけてみてください。

（注）地下水や湧水は自然の水であるため，水道水のように殺菌処理がされていませんので，そのままでは飲用に適さず，煮沸消毒しても飲用できない場合もあります。飲用可能な整備された水場もありますので，現地の情報をよく確認した上で飲用してください。

参考文献
1) 厚生省（現 厚生労働省）「おいしい水研究会」(1985)：おいしい水の要件.
2) 川合信行・浜下一正・畑本二美・中島一郎（1994）：多変量解析による自然水の味の解析と，成分によるおいしさの判別．日本食品工業会誌，**41**(11)，778-784.

3) World Health Organization (2011):
Hardness in Drinking-water. WHO Press, 11p.
https://www.who.int/water_sanitation_health/dwq/chemicals/hardness.pdf (2019年12月11日閲覧)
4) 日本水道協会 (2019):水道資料室:日本の水道の現状
http://www.jwwa.or.jp/shiryou/water/water.html (2019年12月1日閲覧)

Topic 8　ミネラルウォーター

身近な地下水“ミネラルウォーター”

今やミネラルウォーターは私たちの生活の一部となっており，コンビニや自動販売機などで購入する方も多いと思います。実はミネラルウォーターの多くは地下水を水源としていることが多いのです。ですから，ミネラルウォーターは私たちにとって最も身近な地下水といえるかもしれません。

ミネラルウォーターの味と水質組成

国内外には様々なミネラルウォーターがありますが，一般的にその味は大きく異なります。海外のミネラルウォーターの味は“重くて硬い”と感じるのに対し，国内のものは“癖がない”と感じるのではないでしょうか。このような味の違いは，そのミネラルウォーターに溶けているイオンの量や質，すなわち水質的特徴により生じます。

では，海外と国内のミネラルウォーターについて，(a)“Vittel”，(b)“Contrex”，(c)“南アルプスの天然水”，(d)“六甲のおいしい水”を例にその水質的特徴について見てみましょう。(a)・(b)はフランスの地下水を，(c)・(d)は山梨県と兵庫県の地下水をそれぞれ水源としています。**図1**は(a)～(d)の四つのミネラルウォーターの水質組成（溶存イオンの量）について六角形を使って視覚的に表したものです。この図では陽イオンを左側に，陰イオンを右側に並べ，それぞれのイオン濃度をmeq/L（mmol/Lに電荷の価数を乗じた値）

という単位で表してあります。

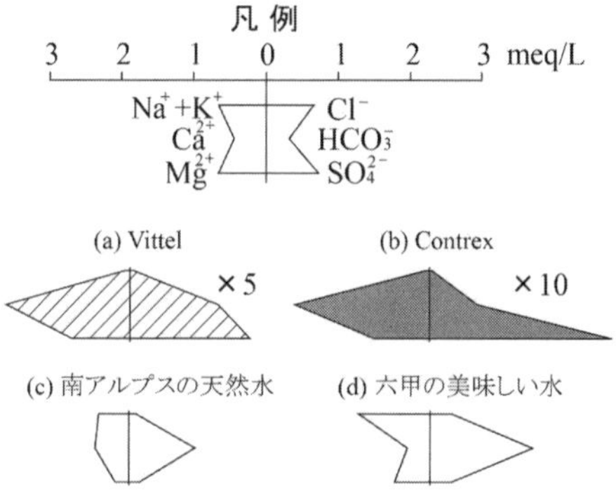

図１　ミネラルウォーターの水質組成

海外のミネラルウォーター(a)・(b)については，各イオン濃度が高いため，濃度をそれぞれ1/5，1/10に縮めて描いています。ですから，これらは描かれた六角形よりも横方向に5倍，10倍に大きくした濃度を持っています。これら海外のミネラルウォーターは溶存イオンをたくさん含んでいることがよく分かると思います。中でも，カルシウムイオン（Ca^{2+}）とマグネシウムイオン（Mg^{2+}）の濃度が特に高く，陽イオンに占める両者の割合が大きいことがその特徴です。このような高いCa^{2+}およびMg^{2+}濃度を持つため，ミネラルウォーター(a)・(b)は飲んだときに“重くて硬い”と感じるのです。一方で国内のミネラルウォーター(c)・(d)は，(a)・(b)と比較して全般的にイオン濃度が低く，特に低いCa^{2+}・Mg^{2+}濃度を持ちます。そのため味に“癖がない”と感じるのです。

このように身近な地下水であるミネラルウォーターはCa^{2+}・Mg^{2+}濃度のみならず，その水質的特徴を反映した味を持ちます。すなわち，その味は地下水が水源周辺域で受けた水質を形成する要因，例えば地形・地質・気象など，を反映した結果といえるでしょう。ミネラルウォーターを味わう際には，その味を形成した自然環境に思いを馳せてもみても良いかもしれません。

（山中　勝）

地下水や湧水は夏に冷たく，冬に温かいといわれますが，なぜですか？

Question 21

Answerer 吉岡 真弓

地下水の温度

地下水は地下をゆっくりと流れており（Q4 参照），湧水はその地下水が地表に湧き出たものです。そのため，地下水の温度は周辺の地層の温度と同じになっています。つまり，地下水や湧水が夏に冷たく，冬に温かい理由は，地下水が流れている「地下の環境」が，夏に冷たく冬に温かいのです。

図 21-1 は，茨城県つくば市で測定された気温変化と深度 20m の地下温度変化です。夏季の日平均気温は 30℃に到達し，冬季は 0 ℃以下まで下がります。一方，地下の温度は年間を通してほぼ一定（約 17℃）であり，年平均気温と同程度です。つまり，夏季は外気と比べて地下は相対的に“冷たく”，冬季は，相対的に“温かい”ことになります。地下や地下水の温度は変化がないのですが，私たちがいる地上の環境が季節によって変わることで，冷たいまたは温かいと感じるのです。**図 21-2** は地下 100m 程度までの温度分布の模式図です。このような地下の温度環境は，どうやって決まるのでしょうか？　基本的には①熱の伝わり方に関する性質，②地表の条件，③地下深部からの熱流量，④地域の地下水

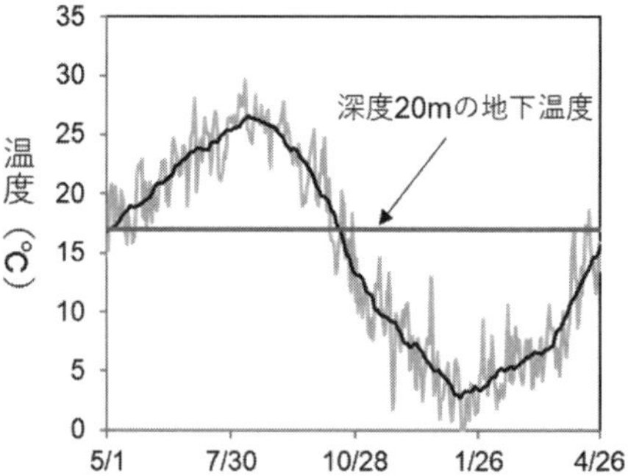

図 21-1　日平均気温の年変化と深度約 20m の地下温度の年変化の一例

の流れ，によって決まります。

地下の熱の伝わり方に関する性質

地層の熱の伝わり方は，熱伝導率と比熱容量（比熱）という二つの性質で決まります。熱伝導率とは「熱の伝わりやすさ」の指標で，地層ではこれが非常に小さいのです。例えば，砂や粘土から構成されている堆積層と呼ばれている地層の熱伝導率は鉄や銅の 1/10 以下です。地層は極端に熱を伝えにくいことが分かると思います。

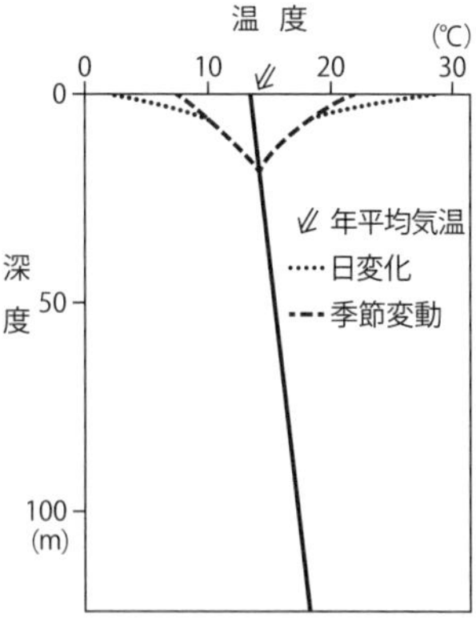

図 21-2　地下水流動などによる温度の乱れがない場合の地下温度プロファイル（概念図）[3]

比熱容量とは「温度変化のしやすさ」のことで，温まりやすさ，冷めやすさを表しています。上記の地層では，鉄や銅の 2 ～ 3 倍以上です。つまり，地層は温まりにくく，熱も伝えにくいことになります[1,2]。地下がこのような性質を持つために，地表面温度の季節変化がわずか地下 10m 程度でほぼ見られなくなるのです（Q22 参照）。

地表の条件

地下の温度は，気象条件（日射量・降雨・気温など）や被覆条件（アスファルト・土壌・植生など）にも影響を受けます。地表面の熱の出入りを**図 21-3** に示します。地表面には太陽からの日射量や大気からの長波長放射によるエネルギーが降り注ぐ一方，地表面からも温度に応じた長波長放射が放出されています。また，地表面では水分の蒸発に伴う潜熱輸送（水が蒸気になるときに加えた熱は温度上昇でなく内部に熱が蓄積されるようなこと），大気と地表面との間では顕熱輸送（熱伝導などで熱の移動に従い温度が変化していくようなこと）が生じているとともに，地下への熱伝導が生じています。それらが常時変化しながら地表面の温度を決定しています。

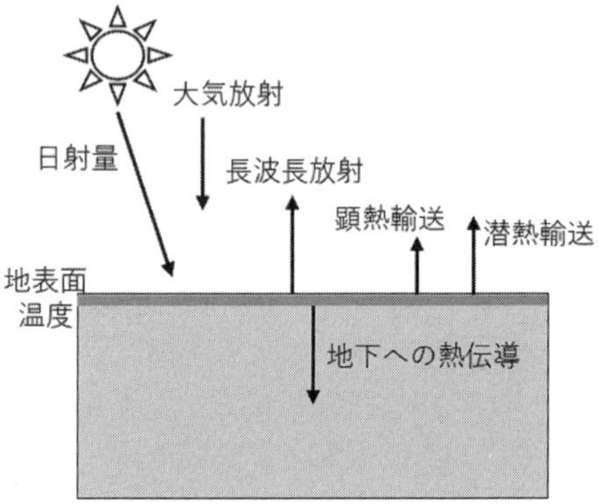

図 21-3　地表面付近の熱収支（概念図）

地下深部からの熱流量

地下数百 m，数千 m と深くなると，地下温度はだんだんと高くなります。日本列島の平均的な地温勾配は約 3 ℃/100m，つまり，100m 深くなるにつれて 3 ℃温度が上昇すると言われています[2)]。地球内部から地表面への熱エネルギーの流れ（地殻熱流量）は，火山や地熱活動により地域ごとに大きく異なります[3)]。火山に近い地域では，地温勾配が大きく地下数十 m の温度も平均気温よりも高くなることもあります。

地域の地下水の流れ

地下水の流れも地下の温度および地下水自体の温度を決める重要な要因です。地表面と，ある深度の地下温度が一定と仮定すると，地下水の流れがない地域では地下の温度勾配は場所に依らず一定となり，どの場所でも同一深度の地下水は同じ温度となります。しかし，地下水の流れがある場合，流れの影響（熱移流と呼ばれる熱エネルギーが流体の流れに乗って運ばれること）により温度分布にも変化が生まれます[4,5]。その結果，地下水が涵養《かんよう》する地域では地温勾配が小さく，地下水が流出する地域では地温勾配が大きくなる傾向が見られます。つまり，同じ深度の地下水を考えた場合，涵養域では地下水温度が低く，流出域では地下水温が高くなります。地下温度の測定は，その地域の地下水の流れを知る手がかりになると言えます。

参考文献

1) 日本熱物性学会（1990）：熱物性ハンドブック．養賢堂，31-32.
2) 日本機械学会（2013）伝熱工学資料 改訂第5版．丸善出版，288-289.
3) 安川香澄・天満則夫・内田洋平・大谷具幸（2005）：地下の新しい活用法：地中熱による冷暖房．地質ニュース．**611**, 10-20.
4) 田中明子・山野 誠・矢野雄策・笹田政克（2004）：日本列島及びその周辺域の地温勾配及び地殻熱流量データベース．地質ニュース，603，42-45.
5) Domenico, P., A. and Palciausks, V, V.（1973）：Theoretical Analysis of Forced Convective Heat Transfer in Regional Ground-Water Flow. Geological Society of America Bulletin. 84, 3803-3814.

地下水を使って冷房や暖房をするってどういうことですか？

Question 22

Answerer 吉岡 真弓

地中熱利用システム

地面の下，数十～100m の地下の熱環境を利用して，建物の冷房や暖房を行うシステムを『地中熱利用システム』と呼びます。そのような深度の地下温度は，前述（Q21 参照）したように，年間を通してほぼ一定です（**図 22-1**）。つまり，地下の温度は，外気温よりも，夏は低く，冬は高い状態です。この温度差を利用することで，通常のエアコンよりも少ない消費電力で冷房や暖房を行うことができるのです。

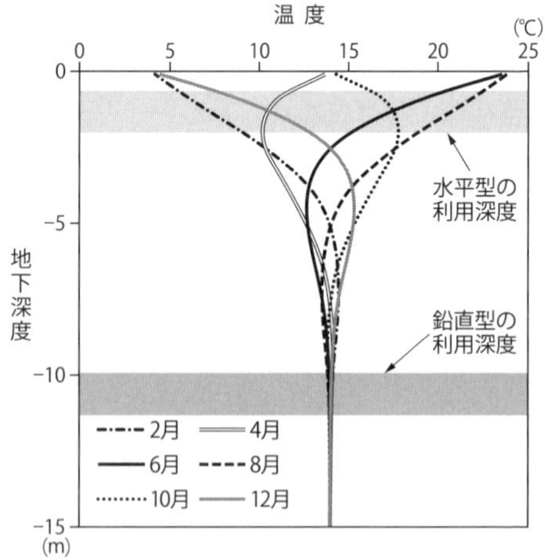

図 22-1　地下温度分布の季節変化

地中熱利用システムにおいて，地下からの熱を得る方法は大きく２種類あります。一つは，地下に熱交換のためのパイプを埋める方法（クローズド・ループ），もう一つは，地下水を汲み上げて使う方法（オープン・ループ）です（**図 22-2**）。

クローズド・ループでは，地下に熱交換用のパイプを埋設し，水や不凍液などを循環させることで地上（室内）と地下との熱交換を行います。オープン・ループでは，汲み上げた地下水を直接使って熱交換を行います。熱交換器を介すクローズド・

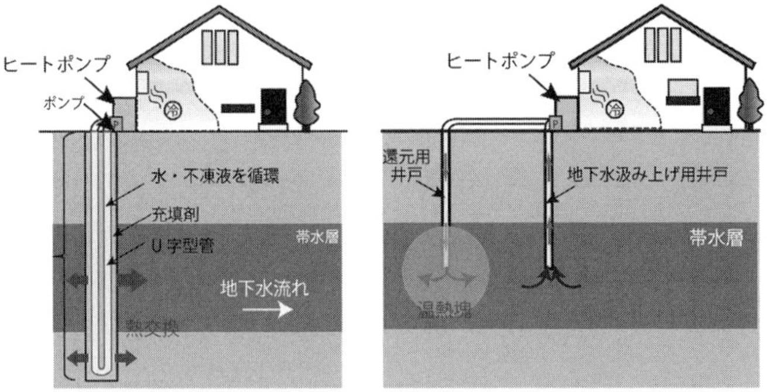

図 22-2　地中熱利用システムの採熱方式（模式図）。（左）クローズド・ループ，（右）オープン・ループ（国立研究開発法人産業技術総合研究所地質調査総合センター地圏資源環境研究部門（2019）：地中熱ポテンシャルマップの公開）https://unit.aist.go.jp/georesenv/product/GSHP.html

ループよりも，オープン・ループの方が熱交換の効率がよく，省エネルギー性も高いのですが，地下水を直接汲み上げて利用するため，十分な地下水を汲み上げられる場所であること，市町村などが定めた条例等によって地下水の揚水が規制されていない地域であることなど，設置できる場所に条件があります。

ヒートポンプの仕組み

地下の温度が一定と言っても，その温度は平均気温程度です。なぜその程度の温度で室内の冷暖房ができるのでしょうか。そのカギは，「ヒートポンプ」です。ヒートポンプでは，非常に低い温度でも蒸発する「冷媒」を，圧縮・膨張させることで低温から高温を作り出します[1)]。一般的にはエアコンの場合は，室外機を通して外気と熱を交換することで室内の冷暖房を行っています。地中熱利用システムの場合，この室外機の役目となるものが地中熱交換器であり，地下水に相当します。例えば，通常のエアコンでは冬の暖房時に外気から熱を取り入れ，ヒートポンプで熱を作り出すのに対し，地中熱利用システムは地下から熱を集め，同じくヒートポンプを使って室内を暖めます。冬の外気が2～3℃程度であるのに対し，地下の温度は，地域によって異なるものの，10～16℃程度なので，室内を暖めるためにヒートポンプを稼働させるエネルギー（消費電力）は，地中熱利用システムの方が少ないことは想像できます。これが，地中熱利用システムが省エネと言われる理由です。

クローズド・ループの地中熱利用システム

クローズド・ループの地中熱交換器（熱交換パイプ）の設置方法として，鉛直方向に埋設する方法（鉛直型）と，水平方向に埋設する方法（水平型）があります（**図22-3**）。

水平型では，地表面から深度数m程度の比較的浅い地下に熱交換器を埋設するため，設置にかかる費用が比較的安くなるという利点があります。一方，そのような浅い深度の地下環境は温度変化も大きく（**図22-1**），冷暖房のための熱交換に必要な長さの熱交換器の設置には，広い土地面積が必要となります。そのため，農業分野や工業用地，大型の建築物などにおいての活用が期待されています。

鉛直型では，一般的には深さ数十～100m，直径16cm程度の孔を掘削し，

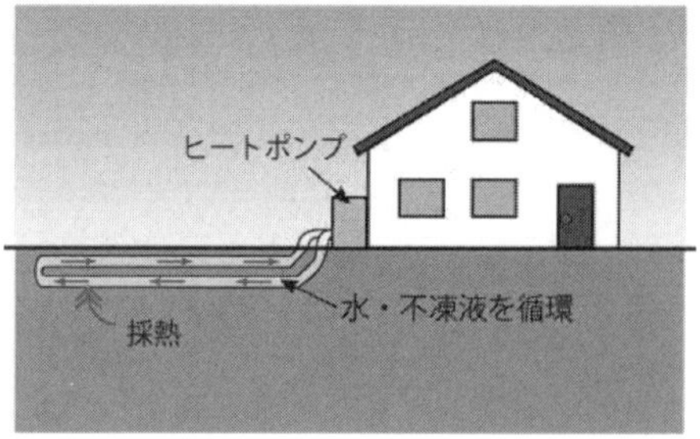

図22-3　水平型のクローズド・ループ（模式図）

郵便はがき

63円切手を
お貼り下さい

160-0012

（受取人）

東京都新宿区南元町４の５１
（成山堂ビル）

㈱成山堂書店 行

お名前	年　齢　　　　歳 ご職業
ご住所（お送先）（〒　　　－　　　）	1．自　宅 2．勤務先・学校
お勤め先（学生の方は学校名）	所属部署（学生の方は専攻部門）
本書をどのようにしてお知りになりましたか A. 書店で実物を見て　B. 広告を見て（掲載紙名　　　　） C. 小社からのＤＭ　D. 小社ウェブサイト　E. その他（　　　　）	
お買い上げ書店名 市　　　町　　　書店	
本書のご利用目的は何ですか A. 教科書・業務参考書として　B. 趣味　C. その他（　　　　）	
よく読む 新　聞	よく読む 雑　誌
E-mail（メールマガジン配信希望の方） @	
図書目録　送付希望　・　不　要	

—皆様の声をお聞かせください—

成山堂書店の出版物をご購読いただき、ありがとうございました。今後もお役にたてる出版物を発行するために、読者の皆様のお声をぜひお聞かせください。

代表取締役社長
小川典子

本書のタイトル（お手数ですがご記入下さい）

■ 本書のお気づきの点や、ご感想をお書きください。

■ 今後、成山堂書店に出版を望む本を、具体的に教えてください。

こんな本が欲しい！（理由・用途など）

■ 小社の広告・宣伝物・ウェブサイト等に、上記の内容を掲載させていただいてもよろしいでしょうか？（個人名・住所は掲載いたしません）

はい ・ いいえ

ご協力ありがとうございました。

（お知らせいただきました個人情報は、小社企画・宣伝資料としての利用以外には使用しません。25.4）

その中にU字型のパイプを埋設します。そのような深度までの孔を掘削するので水平型に比べ設置費用が高額となります。しかしながら，地下深部の安定した温度環境を利用できるため運転効率が良いこと，また，熱交換器のための使用面積が小規模で済むため，戸建住宅などへの導入も可能です。そのため，日本で最も普及している地中熱利用システムであり，住宅や学校，商業施設など様々な施設へ導入が進んでいます[2)]。

オープン・ループ地中熱利用システム

オープン・ループでは，地下水を汲み上げるための井戸（揚水井）を掘削し，採水とともに採熱（排熱）します。熱交換を行った後の地下水は，揚水した帯水層と同じ地層に戻す（還元する）システムが一般的です。地下水の流れが遅い地域においては，夏季の冷房により暖められた地下水を還元し，冬季の暖房にその地下水を利用する「帯水層蓄熱」という方法も利用されています。夏季の熱を冬季の暖房に利用できるため効率も高いですが，地下水の流れが速い地域などでは，夏に構築された温熱塊が，冬の暖房が始まる前に流れ去ってしまうため，蓄熱に向かない地域もあります。地中熱利用システムの効率的な活用には，地域の地下水環境の理解が重要と言えます。

参考文献
1）ヒートポンプ蓄熱センター（著），射場本忠彦（監修）（2010）：トコトンやさしいヒートポンプの本．日刊工業新聞社．159p.
2）内田春雄（著），特定非営利活動法人地中熱利用促進協会（編集協力）（2014）：事例に学ぶ地中熱利用ヒートポンプシステム．オーム社，206p.

地下にダムを作って地下水を貯めているって本当ですか？

Question 23

Answerer　石田　聡

世界には，降水量が少ない，降った雨がすぐに地下に浸透してしまうなどの理由で，河川や湖沼などの地表水を容易に得られない地域があります。そのような地域では地下水が貴重な水源になりますが，その地下水も降水量が季節的に変動する場合，安定的に利用することができません。このような問題の解決策の一つが，地下にダムを作って地下水を貯める方法で，その施設は「地下ダム」と呼ばれています。

地下ダムについて

地下ダムでは，地中に水を透さない垂直な壁を作り，地下水の流れをせき止めて，帯水層に地下水を貯めます（**図 23-1**）。

河川をせき止める地上ダムと違って，地下ダムは水を地下に貯めるため，水没する土地が発生せず，地下ダムを作った後もそれまでと同じように土地を利用することができます。また，上流から流れてくる土砂によってダムが埋まる心配がない，決壊による洪水の心配がない，地表に水面が出ないので蒸発によるロスがない，など多くのメリットがあります。

似たような施設として，止水壁によって川をせき止め，上流に土砂を堆積させ，その中に地下水を貯める「堆砂ダム」と呼

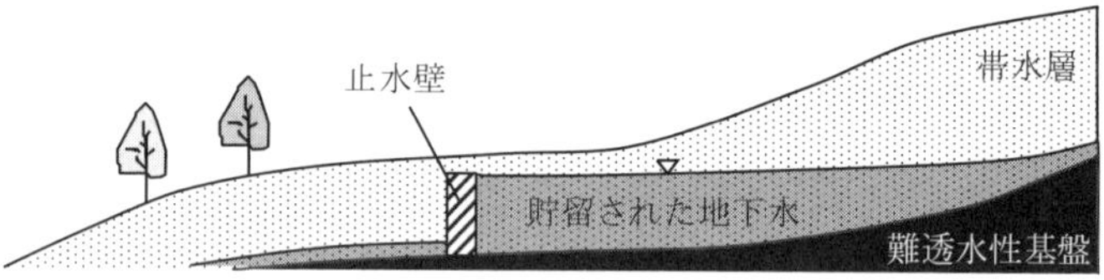

図 23-1　地下ダムの模式図

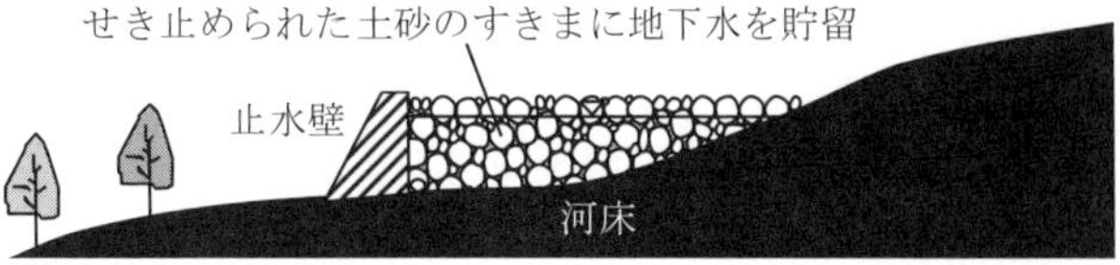

図 23-2　堆砂ダムの模式図

ばれるものがあります（**図 23-2**）。

地下ダムや堆砂ダムの考え方は古くからあり，特に乾燥地域や熱帯地域の季節的な地下水不足を解決するための手段として，ローマ時代から世界各地で建設されてきました[1)]。近年は土木技術の発達もあり，比較的大規模な地下ダムが日本，中国，韓国などで建設されています[2)]。

地下ダムはその目的によって二つの種類に分けられます（**図 23-3**）。

一つ目は，止水壁によって地下水をせき上げて利用量を増やすもので，貯留型地下ダムと呼ばれ，世界の地下ダムのほとんどはこのタイプです。もう一つは，海からの塩水《えんすい》の侵入を止水

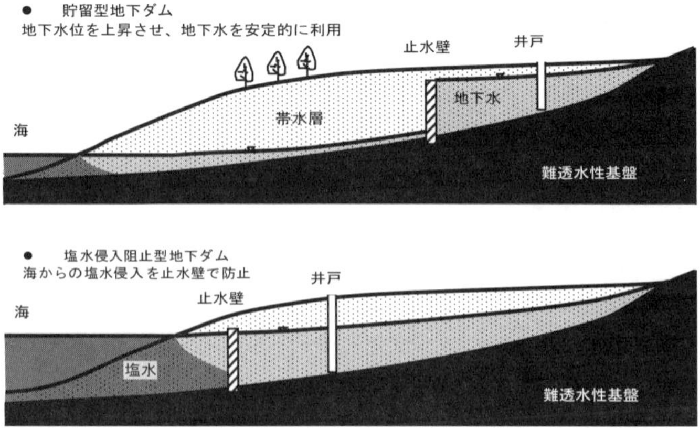

図 23-3　地下ダムの種類

壁で遮断し，止水壁より上流の地下水の塩水化を防ぐもので，塩水侵入阻止型地下ダムと呼ばれています。このタイプの地下ダムは海岸の近くに建設されています。

地下ダムの適地

地下ダムはどこにでも作れるわけではなく，地下ダムを作るための立地条件がいくつかあります[3]。まず帯水層の条件として，間隙が大きく，地下水を迅速に汲み上げることができる高い透水性を持っていること（例えば砂礫《されき》や石灰岩など），必要な量の地下水を蓄えるだけの体積を持っていることです。次に**図 23–1** のように，帯水層の下位に，貯水した地下水を逃がさない透水性の低い基盤が分布している必要があります。基盤の条件は，その深さが施工可能な深度であること，一部を閉めきることにより地下水を効率よく貯留できるような形状（例えば谷状や盆状）であることです。さらに，貯水量に見合うだけの地下水の涵養《かんよう》があること，水質が良好であることなども条件になります。

日本の地下ダム

日本では 1970 年代から貯水量 10 万 m^3 以下の比較的小規模な地下ダムが建設されてきましたが，その後沖縄県および鹿児島県の南西諸島において，貯水量 10 万 m^3 以上の大規模な農業用地下ダムが次々建設されるようになりました（**図 23–4**）。南西諸島は中国大陸から供給された砂や泥が固まって難透水性基盤が形成され，その上にサンゴなどを起源とした透水性の高

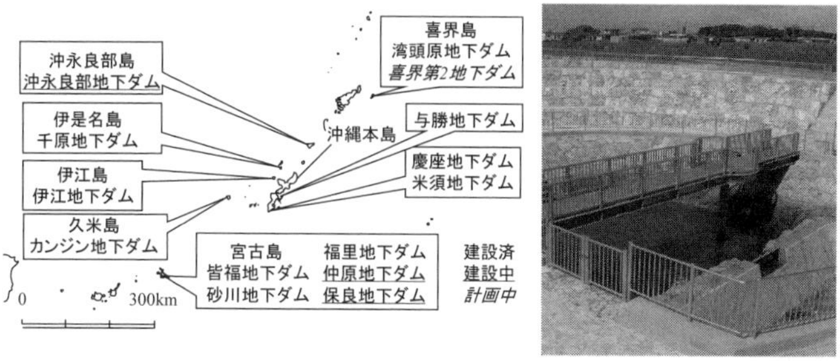

図 23-4　南西諸島の農業用地下ダムと宮古島の見学施設

い石灰岩が堆積して帯水層となり，さらに断層によって基盤が谷状になっているという，地下ダム建設に適した地質構造を持っていたのです。これらの地下ダムのうち一部では地下の止水壁を見学することができます。

参考文献
1) Hanson, G & A. Nilsson (1986) : Ground-Water Dams for Rural-Water Supplies in Developing Countries. Groundwater, **24**(4), 497-506.
2) Ishida S., T. Tsuchihara, S. Yoshimoto and M. Imaizumi (2011) : Sustainable use of groundwater with underground dams. JARQ, **45**(1), 51-61.
3) 緑資源機構（2006）：地下ダムによる水資源開発の手引き．緑資源機構，2-1p.

地下水は誰のものですか？

Question 24

Answerer　五藤 幸晴

地下水所有の二つの考え

地下水は地面の下にあって直接見ることができないため，それが誰のものかということを分かりにくくしています。地下水が誰のものかについては，現在大きく二つの考え方があります。

一つは私水論と呼ばれているもので，これは明治時代に作られた民法をよりどころとし，自分の所有する土地の下にあるものは自分のものという考え方です。もう一つは公水論と呼ばれているもので，地下水は流動していて一個人の土地の下にいつまでも留まっていることがなく隣の土地へ流れ去るものなので，みんなの共有のものという考え方です[1·2)]。

私水論とは

これは，民法第 207 条の土地所有権に関する条文を根拠として，「土地の所有権は法令の制限内においてその土地の上下に及ぶ」という考え方で，自分が所有する土地の地下にある地下水に対してもその支配権が与えられるので，その所有権を有しているというものです。したがって，自分の土地に井戸を掘って地下水を汲み上げ利用することを土地の所有者が自由に行えるということになります。これまでの多くの裁判判例でも，この立場に立って土地所有権者の自由な地下水の使用権を認めています。

公水論とは

地下水は，流動するためいろいろな土地の地下を流れるので，多くの人々の土地に関係しています。いくら所有権に基づく使

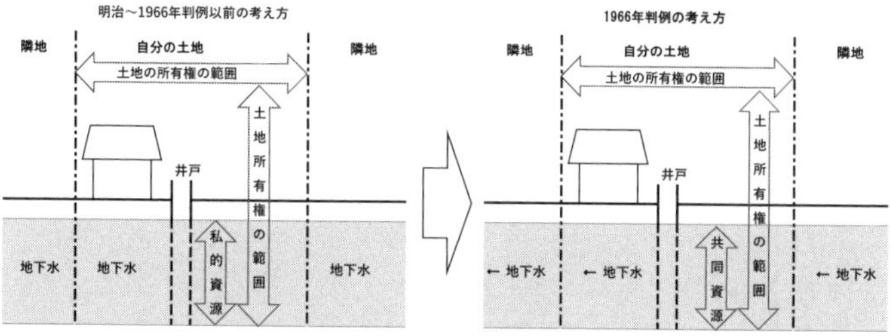

図 24-1　土地所有権に対する地下水の共同資源としての考え方の概念図

用でも他の使用者に影響を与えることになる場合もあるため，私的なものではなく公共性を有しているというものです。

自分の土地にある地下水と周囲の土地にある地下水とは遮断されていません。ですから，自分の土地で地下水を大量に汲み上げれば，周辺の地下水位が下がって井戸枯れが生じることにもなります（Q16 参照）。また，井戸を通じて有害物質が浸透すれば，地下水汚染が発生して周囲の地下水が使用できなくなることもあります。このように自分の土地にある地下水であっても，その利用を誤れば，周囲に住む多くの人に影響を与えることになります。次第に地下水に公的な制限が必要となる事案が増えたことから，裁判判例でも 1966 年には，地下水は「共同資源」であり，「地下水が流動すること」を法的に認め，さらに地下水の量が無限でないこと，そして同一の帯水層中の地下水を利用する場合は，「利益・損益の公平かつ妥当な配分（分配）」の原則を示す判決が出されました[3]（**図 24-1**）。

外国の地下水法制度は

世界各国での地下水に関する法制度はどうなっているのでしょうか。世界的には多くの国で水法や地下水法などの名称で法律があり，その考え方も私水論，公水論の両者があります。

私水論の立場の国は，イギリスとアメリカが代表的で，イギリスでは「地下水は地権者に権利がある」とされています。アメリカは州ごとにルールが異なるものの，基本はイギリス式の考えを継承しています[1)]。このほかのヨーロッパの国々では，フランス，ベルギー，デンマーク，オーストリア，スウェーデンなどがあります[2·4)]。

公水論の立場の国は，イタリア，オランダ，スペイン，トルコ，ドイツ，ルーマニア，ポーランド，ギリシャ，イスラエル，などがあります[2·4)]。

ただし，私水としている国でも，家事などの特定用途を除き規制している場合も多く，反対に，公水としている国でも，規制対象外を設けている場合もあり各国の事情に応じて様々となっています[4)]。ヨーロッパの地下水法制では，地下水を他の水資源とともに統一的に捉えて，総合的な水資源管理をするための法制度としているところが多いという特徴があります。名称も「水法」「統一水法典」「連邦水管理法」「地下水法」「総合地下水法」などとなっています[2)]。

新たな水循環の考え方

地下水の解釈については，これまでの裁判においても私水論と公水論の二つの立場で判決が出されていて，法的には地下水は誰のものかは明確になっていませんが，基本的には土地所有権者が地下水に対しても所有権を有するものと解せられています[5)]。

しかし，2014 年に水循環基本法が成立し，水循環の健全化の法整備が行われました。この中で「水が国民共有の貴重な財産であり，公共性の高いものであることを鑑み，水については，その適正な利用が行われるとともに，すべての国民がその恵沢を将来にわたって享受できることが確保されなければならない」[6] としてその公共性が示されています。また，「水は水循環の過程において生じた事象がその後の過程において影響を及ぼすものであることを鑑み，流域に係る水循環について，流域として総合的かつ一体的に管理しなければならない」[6] としています。さらに，健全な水循環の維持には，「水循環は上下流域という面的広がり」と，「地表水と地下水とを結ぶ立体的な広がり」という流域全体を視野に入れることが重要であり，地下水の利用については同一地下水盆における健全で持続可能な水循環に支障を及ぼすことがないことが求められています。

今後は，私的な地下水利用に対しても公共的なことを十分配慮した利用が基本となるものと思われます。

参考文献

1) 渡邉真大（2015）：地下水保全のための制度整備に向けて　香川大学経済政策研究，**11**, 49-67.
2) 地下水を守る会（1993）：やさしい地下水の話　第六章　地下水と法律問題．北斗出版，155-173.
3) 西垣 誠・瀬古一郎・中村裕昭編著，特定非営利活動法人地質情報整備活用機構共生型地下水技術活用研究会著．（2013）：育水のすすめ―地下水の利用と保全―第 10～14 話．技報堂出版．49-80.
4) 国土庁長官官房水資源部水資源政策課地下水対策室監修，地下水政策研究会編著（1994）：わが国の地下水―その利用と保全―．大成出版社，134-135.
5) 金沢良雄（1965）：法律学全集 15-Ⅲ水法　第六章　地下水法．有斐閣，150-156.
6) 令和元年版　水循環白書（2019）：内閣官房水循環政策本部事務局編集，全国官報販売協同組合発売，57-68.

地下水は自由に使ってよいのですか？

Question 25

Answerer 五藤 幸晴

地下水の利用状況

地下水は，一年中温度が一定で，地表水より水質が良く，平地部では比較的採取しやすく，また，井戸を設置すればいつでも安価で汲むことができるなどの特色があります。

地下水の人間生活への利用は縄文時代では湧水として利用され，弥生時代には井戸の遺構が見つかっており，地下水の利用は古くから行われていました。江戸中期には，「掘り抜き」の技術が確立され「上総掘り」と呼ばれる井戸掘削が行われ，自噴井戸が多数掘られ地下水が利用されていました（Q12 参照）。

大正時代以降にはロータリー式さく井機が導入され，井戸掘削も機械掘削化が進むとともにポンプ技術も向上し，外国から水中モーターポンプなどの動力機器が導入され地下深部からの揚水を可能としました[1)]（Q13 参照）。

しかし，一般家庭では，昭和 30 年代までは井戸も浅井戸が中心で釣瓶や手押しポンプにより地表から数～ 30m 程度の深さの浅層地下水を汲み上げるものでした。

現在のように水道施設が普及していない時代には，川や水路などの水は水利権などの制約があり自由に利用できない面を有していますが，各家庭の井戸は揚水量も少なく特別な規制もなく自由に利用されていました。

現在も地下水揚水規制の制限がない地域では，このような浅井戸のほか深井戸でも地下水が自由に利用されています。ただし，飲料水として利用するには水質検査を行う必要があります。見た目はきれいで透明な水でも，含まれている成分に健康上問題を生じるものがあるかもしれないので注意が必要です。

井戸掘削して地下水を利用する場合は，地下水採取に対する規制（条例）がある場合や申請などが必要な場合もあるので，地元自治体や保健所などに事前に相談されるのが良いでしょう（Q26 参照）。

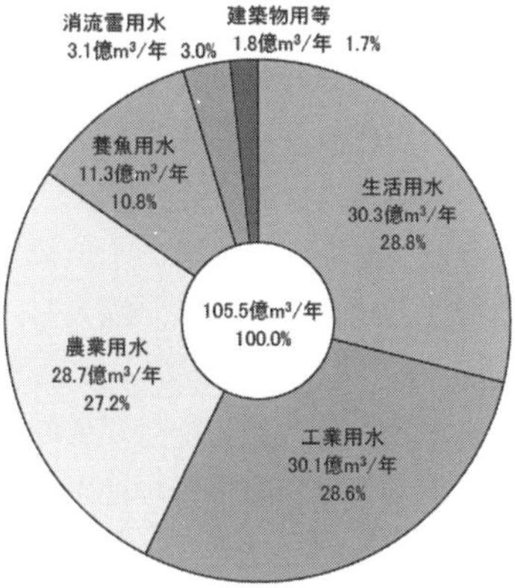

図 25-1 用途別の地下水使用量[2)]

浅井戸の地下水利用はその揚水量も多くなく，汲み上げによる周囲への影響も考慮するまでもないレベルでしたが，近年，深井戸掘削や電動ポンプなどの技術が発達するにつれて地下水使用量は格段に多くなってきました。令和元年版の水循環白書によると，**図 25-1** のように年間 105.5 億m^3となっています。

地下水揚水に伴う社会問題

このように身近な水資源である地下水は生活用水だけでなく工業用水や農業用水など様々な用途に利用されていますが，大量に汲み上げを行うとどうなるのでしょうか。

地下水揚水量の増大に伴い，大きな社会問題となったのが地盤沈下です（Q39 参照）。高度経済成長時代の水需要の増大により大量の地下水が採取され，自然に補給されている量を超えた揚水が行われた結果，地下水位の低下による井戸枯れが多発するとともに，昭和 30 年代からは全国の平野部で地盤沈下が顕著に見られるようになり，海岸近くでは海水が地下水に混入する塩水《えんすい》化も生じるようになりました。また，地下掘削を行う工事現場では，地下水位の低下により酸欠事故も発生するようになりました。これは，水位低下した地層にある井戸や地下構造物などを通じて空気が流入し，地層中の酸素を吸収する物質（鉄，マンガン，硫黄およびその化合物や有機物など）により酸素が失われて酸欠空気が生成され，それが何らかのきっかけで地下の工事現場やビル地下室に噴き込むことで生じたものです[3]。

これらは「地下水障害」と呼ばれ社会問題となりました。地下水を過剰に揚水したことの「付け」が回ってきました。そのため，国は 1956 年に工業用水法，1962 年にビル用水法（建築物用地下水の採取の規制に関する法律）を制定し，地方自治体は条例等をつくり，それらに基づいて地下水の採取を規制するようになりました。また，地域によっては，地下水協議会等の組織をつくり自主規制や行政指導などにより対応しました[4]（Q45,Q46 参照）。

それにより，現在の地盤沈下は**図 25-2** に示すように沈静化方向にありますが，水溶性天然ガス溶存地下水，都市用水，農業用水，豪雪地域での冬場の消融雪用などの利用による大量の揚水を行っている地域では，依然として地盤沈下が継続しています。このような地域では地下水の採取規制をするとともに，代替水源の確保などの措置が講じられています。

このように，地下水を自由に利用することでの地下水障害

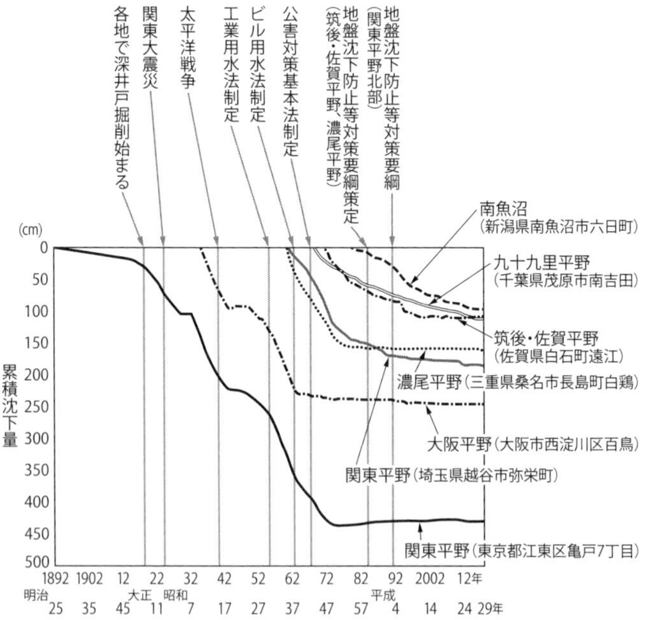

図 25-2　地盤沈下の主要地域の累積沈下推移[2)]

（地盤沈下・塩水化・井戸枯渇・酸欠空気発生等）は広域に継続して影響を与えることになります。地下水は水循環の一部であり水循環全体を視野に入れて利用していくことがこれからは求められます。

参考文献
1) 改訂地下水ハンドブック（1998）：第 1 編総論　第 3 章水資源としての地下水，11-13.
2) 令和元年版　水循環白書（2019）：内閣官房水循環政策本部事務局編集，全国官報販売協同組合発売，79-96.
3) 大井幸雄（1980）：酸欠地層の予測調査法．応用地質．**21**(2), 88-97.
4) 阿部泰隆（2017）：まちづくりと法　第 4 部地下水環境，信山社，289-334.

地下水や湧水を使うには何か手続きが必要ですか？

Question 26

Answerer 五藤 幸晴

地下水を利用するには

地下水利用については関連するいろいろな法制度（工業用水法・ビル用水法・自治体条例など）があり，行政手続きが必要となる場合があります。

例えば，地盤沈下等の指定区域内の一定規模以上の井戸から工業用水やビルの冷暖房・水洗便所などの利用で地下水を汲み上げる場合には，地下水保全・地盤沈下の防止を図る「工業用水法」「ビル用水法」が関係し，都道府県知事の許可が必要となります。

また，井戸を設置する場合は，さく井業者・ポンプ店・水道工事業者に依頼することになりますが，場所や深度，井戸径などによって費用が異なるので，設置場所の住所，敷地状況（搬入仮設状況の確認），自家用なのか営業用なのか，水質や水量などでは飲料用なのか否か，一日の揚水量はどれぐらい必要なのかなどを十分打合せ・確認して見積書を作成してもらうことも手続きとして大切です[1]。

井戸水として利用する場合

東京都の井戸設置の揚水規制では，設置する井戸の深度，吐出口の断面積，スクリーンの位置，揚水機の出力，揚水量などが規制され，届け出をすることが必要です。また，揚水施設を設置している場合は，水量測定器を設置して，揚水を行った日ごとに地下水の揚水量を記録して，毎年 1 回自治体へ報告する必要が有ります。**表 26-1** に東京都環境局の地下水揚水に係る法・条例規制についての一覧を示します。

表 26-1　東京都の地下水揚水に係る法・条例規制の一覧[2)]

法令等 （施行年月）	対象地域	対象施設	吐出口断面積ごとの構造基準等		
			6 cm^2 以下	6 超 21cm^2 以下	21 超
工業用水法 （1956 年 6 月）	板橋区 足立区 北区 江戸川区 葛飾区 江東区 墨田区 荒川区	「製造業」 「電気供給業」 「ガス供給業」 「熱供給業」 に用いる揚水機の吐出口断面積 6 cm^2 超の井戸	法対象外	ストレーナー位置 550 ～ 650m 以深 詳細は「構造基準一覧」へ	設置禁止
ビル用水法 （1963 年 7 月） ＊法律の制定は 1962 年	23 区	「冷暖房設備」 「水洗便所」 「洗車設備」 「公衆浴場（浴室面積 150m^2 超）」 に用いる揚水機の吐出口断面積 6 cm^2 超の揚水設備（井戸）	法対象外	ストレーナー位置 400 ～ 650m 以深 詳細は「構造基準一覧」へ	設置禁止
環境確保条例 （2001 年 4 月）	島しょ，奥多摩町，檜原村を除く全地域	動力を用いる全ての揚水施設（井戸） （家庭用は 300 ワット超のもののみ）	揚水機出力・揚水量を制限 詳細は「構造基準一覧」へ	ストレーナー位置 400 ～ 650m 以深 詳細は「構造基準一覧」へ	設置禁止
温泉法審査基準	23区24市 1 町	温泉をゆう出する目的で動力を設置する井戸	工業用水法の対象地域は吐出口 6 cm^2 以下，揚水量 50m^3/ 日以下	15 区 24 市 1 町は吐出口 21cm^2 以下，揚水量 150m^3/ 日以下	–

また，井戸水を排出する際には公共下水道の使用届の提出が必要となります。東京都の条例では，公共用下水に排出する場合の届けは，井戸水に限らず，工事により湧水が発生したとき，ビルに湧水が発生したとき，雨水を貯留してトイレ等に利用しているときなどでも同様な届けが必要となります。

使用量を私設量水器で計測する場合は，私設量水器（使用・変更・廃止）届の提出や雨水貯留槽に補給水を入れている場合などでは，下水道料金の二重徴収を避けるために補給水量を計測して申告する必要もあります。

一方，「雨水利用に係る補給水量申告　届出書」を提出することで，申告の補給水量に応じて汚水排出量を控除してもらうことができます。公共下水道使用届，公共下水道一時使用届の届出を怠ると「５万円以下の過料」に処せられます。

その他に敷地内の井戸を掘る位置については，掘削時の崩壊等のリスク回避のため，東京都の環境確保条例上の規定はありませんが，民法第 237 条では井戸等を掘る場合には，境界線から２ｍ以上離さなければならないと定められています。

湧水・地下水を利用する場合

湧水を利用するにはその地域の条例を確認することが必要です。例えば，有名な国分寺崖線の湧水がある東京都国分寺市の「国分寺市まちづくり条例」の湧水保全部分には，国分寺崖線の湧水が連続する保全対象区域内での所定の開発行為に対して，事前の調査，観測，影響評価，対策が義務付けられています[3]。

また，東京都小金井市の「小金井市の地下水及び湧水を保全する条例」（平成 16 年制定，平成 26 年改正）では，大口地下水利用者（日量平均 $500m^3$ 以上）には，雨水利用，地下水の涵養《かんよう》や節水に必要な措置を講ずる責務を有することが盛り込まれています[4]。

湧水の水が河川へ流下している場合には，河川には「水利権」があり，「河川管理者」も存在するので確認が必要です。「水利権」には「慣行水利権」と「許可水利権」があり，前者は古い慣習によって社会的に認められたもので農業用水や生活用水として河川法による許可を正式に受けていないものの取水許可を得ているとして使用することができている権利です。一方後者は，河川法により上下水道や工業，発電などとして使用することに対し行政から許可を得て使用することができる権利です。その許可を行うのは「河川管理者」で，一級河川は国，二級河川は都道府県，準用河川は市町村，普通河川は市町村の他，組合や関係事務所となっています。

水道水として利用する場合は，水道水源に関する法令に関係します。専用水道の使用人数または施設規模が一定規模以上の場合は「水道法」により水質や施設管理の基準などが定められ，水道水源域の保全に関しては「水道水源二法」（水道水源特別措置法と水道原水保全事業法）により水源原水の水質保全の基本方針や事業が定められています[3)]。

このように地下水や湧水を利用するに際しては，様々な法規制による行政手続きがあるので，行政機関に一度相談することが必要です。各種手続きをして正規の許可を得て行うことがトラブルを回避することにもなり重要かと思います。

参考文献
1）水みち研究会（1998）：井戸と水みち．北斗出版，76-81.
2）東京都環境局の HP　地下水揚水規制のあらまし
https://www.kankyo.metro.tokyo.lg.jp/water/groundwater/pumping_regulations/outline.html（2020 年 4 月 29 日閲覧）
3）環境省の HP　湧水保全・復活ガイドライン 1-125.（平成 22 年 3 月）
https://www.env.go.jp/water/yusui/guideline/full.pdf（2020 年 2 月 11 日閲覧）
4）小金井市の地下水及び湧水を保全する条例　小金井市 HP
http://www10.e-reikinet.jp/opensearch/SrJbF01/init?jctcd=8A8016A44F&houcd=H416901010002&no=4&totalCount=28&fromJsp=SrMj（2020 年 4 月 29 日閲覧）

地下水や湧水を守るために できることはありますか？

Question 27

Answerer 吉田 広人

地下水や湧水を守るために大切なこと

地下水は，雨や雪が空から地上に降った後，地中に浸み込んで，ゆっくりと地下を流れている水です。その地下水が再び地上に湧き出したのが湧水です。水道が普及している近年では，家庭で井戸を使う機会が少なくなっており，地下水の状態がどうなっているか縁遠くなってしまいました。

しかし，日本国内には地下水の水位が低下し，それに伴って湧水量が減少したり，湧水が枯渇したり…と地下水の量が減少している地域もあります。

地下水や湧水を守るためには，地下水を必要以上に汲み上げずに大切に使うこと，そして持続的に地下水が利用できるように地下水を育む取り組みを行うことが重要です。

地下水を育むためには，地下に水を浸み込ませる必要がありますが，これを地下水涵養《かんよう》といいます。ここでは，地下水涵養を行う方法として代表的な取り組みである，水田を活用した地下水涵養と雨水浸透による地下水涵養について紹介します。

水田を活用した地下水涵養

水田を通じた地下水涵養（水田涵養）とは，水田に水を溜め，ゆっくりと地下に水を浸透させる方法です。このほか，麦畑など，米以外の作物に用いられている農地で収穫後に水を溜めることもあります。

水田では米を栽培する時期にたくさんの水を溜めます。特に田植えの準備の時期にあたる「代掻《しろか》き」の時期に多くの水を使うほか，稲の成長に合わせて水田に水を溜めます。水田に溜め

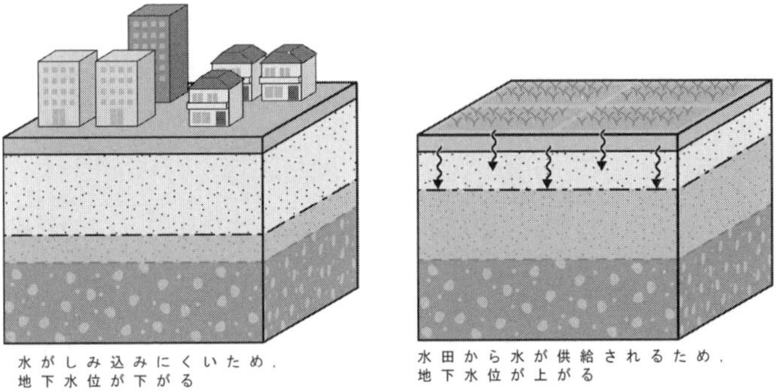

図 27-1　水田による地下水涵養の効果

た水の一部は稲に吸い上げられたり，空中に蒸発したりしますが，その残りは地下に浸透するため，地下水の重要な補給源となっています（**図 27–1**）。

近年は急速に都市化が進み，水田が住宅などの建物に変わったり，農業の後継者不足により栽培を行わない休耕田が増加しています。これに伴って，地下に浸透する水の量が減少してしまいました（**図 27–1**）。

このような背景から，熊本県熊本市や長野県安曇野市など，地域の地下水資源量の減少が懸念されている地域では，行政と企業，市民等が連携し，休耕田や冬季の水田などに水を溜め，地下水を育む取り組みが行われています。例えば，熊本県の白川中流域における水田からの浸透量（減水深）は，100mm/ 日と報告されています[1)]。これは 1 ha（1 万 m^2）の水田で 1 カ月間湛水《たんすい》した場合，約 3 万 m^3（25m プール約 60 杯分）の地下水が育まれることになります。

雨水浸透による地下水涵養

水田涵養の他に地下水を育む取り組みが，雨水浸透です。水田涵養は水田が広がる農村域での取り組みですが，雨水浸透は

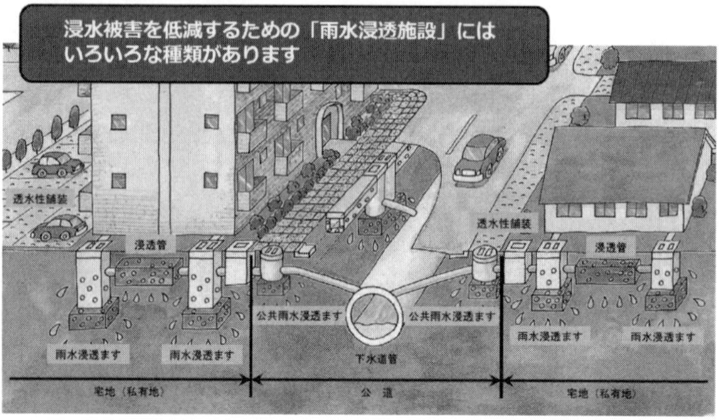

図 27-2　雨水浸透施設のイメージ[2)]

都市域の住宅地をはじめ事業所，工場等の敷地で多く実施されています。

雨水を地下に浸透させる方法は多々ありますが，その代表例としては，水を通しやすい舗装や緑地帯を利用して雨をその場で浸透させる方法と，屋根や地表に降った雨水を地下に浸透させる浸透ますや浸透側溝から直接地下に浸透させる方法があります。この方法によって，地下に浸透することなく河川に流れ出てしまう量の一部を，地下水を増やすために活用できます（**図 27-2**）。

また，近年は短時間で局所的な豪雨や台風による豪雨が頻発化しているため，地表から水が浸み込みにくい都市域では，河川の氾濫が懸念されています。このため，雨水を地下に浸透させる取り組みは，洪水を引き起こす河川への急激な出水を遅らせる効果が期待でき，防災面でも役立つとされています。

雨水浸透施設については，東京都下水道局をはじめ，各自治体から補助制度が設けられていることも多く，今後更なる普及が期待されます。

清廉な地下水や湧水を守るためには，節水だけでなく，それぞれの地域にあった水を育む取り組みを行うことが必要です。皆さんの地域で地下水を守る取り組みが行われているか，一度調べてみてはいかがでしょうか。

参考文献
1）桐山貴文・市川 勉（2004）：水田を涵養域に持つ地域の地下水保全について．水工学論文集，**48**，373-378．
2）東京都下水道局（2014）：広めよう！雨水浸透パンフレット．https://www.gesui.metro.tokyo.lg.jp/topics/pdf/usuishintousetsubi.pdf（2020 年 4 月 29 日閲覧）

箱島清水（群馬県吾妻郡東吾妻町）［昭和の名水百選］

名水百選カード（約 50 地点で発行）

Section 4 地下水・湧水に関わる観光・信仰・文化

湧水を引いた池の中に建てられた高床式の倉（水板倉）の例（秋田県仙北郡美郷町）年間を通じて温度が一定であり，害獣の侵入を防げるという利点も生かして，米，味噌，野菜などの保管に用いられてきた

湧水や井戸水が観光名所になっているところはありますか?

Question 28

Answerer 島野 安雄

昔の名水・名所

きれいな水のある風景の場所は，我々人間の心身をリラックスさせる効果をもたらすとともに，観光資源としての対象にもなっていて，多くの人々が訪れています。

昔から“名水”に関する記述は多く存在していて，有名なものとしては平安時代中期に清少納言が書いた「枕草子」があり，九つの井泉が紹介されています。その後，江戸時代に入ると，京都の地誌・名所案内書については数多くが刊行されています。その中には「洛陽名所集（1658年）」・「京羽二重（1685年）」・「名所都鳥（1690年）」・「山城名勝志（1711年）」や「都名所図絵（1780年）」などのように，京都市内やその周辺の名水が多く掲載されているものもあります[1)]。特に“京都の名水”については，「御所三名水」・「西陣五水」・「都七名水」・「伏見七名水」・「北の京九つ井」などのように「三，五，七，九」の数字で括った名水が知られています。

名水百選

環境庁（現・環境省）によって1985年（昭和60年）に「名水百選」が選定され，場所によっては多くの人々が訪れて賑わいを見せています。その後，これに倣い「水の郷百選」や「日本の滝百選」などを始めとして「○○百選」がいくつも生まれ，人々を呼び寄せる契機となっています。そして，2008年（平成20年）には新たに「平成の名水百選」として100地点が追加され，合計で200地点になりました（Q29参照）。

環境省は名水百選の30周年を記念して選抜総選挙を行って

いて，観光・景観・秘境という部門で５位までの順位付けがされています（**表 28-1**）。これはすべての地点を対象としたのではなく，立候補した中での投票結果ですが，その傾向は表れています。観光や景観部門では，人の集まりやすい観光名所の地点や交通のアクセスの良い場所が選ばれています。逆に，秘境部門はやはり人里離れた地点が多く選ばれています。

表 28-1　名水百選 30 周年記念選抜総選挙[2]

	順位	名　　称　（市町村名）
観光部門	1	安曇野わさび田湧水群（安曇野市）
	2	塩釜の冷泉（真庭市）
	3	まつもと城下町湧水群（松本市）
	4	水前寺江津湖湧水群（熊本市）
	5	島原湧水群（島原市）
	順位	名　　称　（市町村名）
景観部門	1	安曇野わさび田湧水群（安曇野市）
	2	大杉の湧水（舞鶴市）
	3	かつらの千年水（兵庫・香美町）
	4	菊池水源（菊池市）
	5	轟渓流（諫早市）
	順位	名　　称　（市町村名）
秘境部門	1	鳥川ホタルの里湧水群（岡崎市）
	2	鷹入の滝（安来市）
	3	金峰山湧水群（熊本市）
	4	恵利原の水穴（志摩市）
	5	剣山御神水（三好市）

（http://www.env.go.jp/water/meisui/H27senkyo）

湧水・名水ランキング

次に，民間団体が行った口コミによる10選の投票結果について紹介します（**表 28-2**）。第１位の池山水源は久住山の南麓部（**図 28-1**），２位の白川水源は阿蘇中央火口丘の南麓部，３位と４位はいずれも羊蹄山の山麓部の湧水というように，火山地域に分布するものが多く選ばれています。これら 10 選はすべて湧水であり，一応飲める水でもあります。

表 28-2　口コミで選ぶ湧水・名水ランキング TOP10（2015 年 8 月）[3]

順位	名　　称　（市町村名）
1	池山水源（熊本・産山村）
2	白川水源（熊本・南阿蘇村）
3	京極のふきだし湧水（北海道・京極町）
4	羊蹄の湧き水（北海道・真狩村）
5	湧玉池（静岡・富士宮市）
6	島原湧水群（長崎・島原市）
7	まつもと城下町湧水群（長野・松本市）
8	三分一湧水（山梨・北杜市）
9	ニセコ名水甘露水（北海道・ニセコ町）
10	柿田川公園（静岡・清水町）

（https://rtrp.jp/articles/10772html）

図 28-1　池山水源

パワースポットとしての名水地

近年は名水地がパワースポットとして注目を浴びていて，携帯やスマホの待ち受け画面に用いられることが流行っています。神社や寺院の境内のある湧水や井戸が対象となっていて，特に東京都内では明治神宮の境内にある清正井が有名であり，訪れる人も多いようです。

特異な水利用施設

名水地として有名であり，かつ特異な水利用を行っていることでも知られている場所があります。岐阜県の郡上八幡では，山裾の湧水を導水してきて，木製やコンクリート製などの小さな水槽を上下に３～４段重ねた「水舟」形式で水を利用しています（**図 28-2**）。長崎県の島原湧水群の浜の川水源では平面的に区切って水を回して使っています（**Q18 参照**）。また，中国雲南省の古都・麗江では湧水源を頭に二つの水場をつなぐ「三眼井」という施設が造られています（**図 28-3**）。いずれも，湧水を手際よく回して使うもので，昔からの知恵が生かされています。

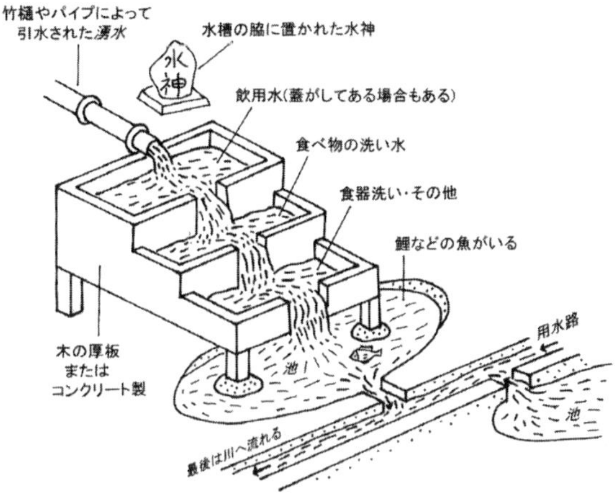

図 28-2　郡上八幡の水舟のモデル

図 28-3　三眼井（中国・麗江）

参考文献

1) 鈴木康久（2010）：水が語る京の暮らし―伝説・名水・食の文化―. 白川書院, 207p.
2) 環境省（2015）：名水百選 30 周年記念選抜総選挙 https://www.env.go.jp/water/meisui/H27senkyo/view
3) RETRIP（2015）：口コミで選ぶ日本の湧水・名水ランキング TOP10.（https://rtrp.jp/articles/10772html

名水百選とはどのようなものですか？

Question 29

Answerer　藪崎 志穂

名水百選とは

名水百選はその名の通り，全国各地の湧水，河川，用水，地下水の中から100カ所の名水を選定したもので，1985年（昭和60年）3月と2008年（平成20年）6月にそれぞれ選ばれた計200カ所あります[1)]。昭和の名水百選の内訳は，湧水76地点，地下水5地点，河川・用水18地点，その他（複数）1地点，平成の名水百選では，湧水58地点，地下水6地点，河川・用水31地点，その他（複数）5地点となっています[1)]。昭和の名水では湧水が多く選ばれていますが，平成の名水では河川・用水の占める割合が増えているのが特徴です。

名水百選の選定基準

皆さんもご存知のように日本は水に恵まれており，国内には多くの湧水や地下水などがありますが，なぜこれら200カ所の水が名水として選ばれたのでしょうか。昭和・平成の名水百選の選定にはいくつかの条件があります。例えば，昭和の名水百選の場合，以下の項目を満たすものが対象とされました（環境省　名水百選ポータル[1)] より）。

① きれいな水で，古くから生活形態，水利用等において水質保全のための社会的配慮が払われているもの。
② 湧水等で，ある程度の水量を有する良質なものであり，地方公共団体等においてその保全に力を入れているもの。
③ いわゆる「名水」として故事来歴を有するもの。
④ その他特に自然性が豊かであるが，希少性，特異性等を有するなど優良な水環境として後世に残したいもの。

これらの条件を満たした784件の水が都道府県により推薦され，その中から水質，水量，周辺環境（景観），親水性の点で保全状況が良好なこと，地域住民による保全活動があることが必須条件とされ，その他に規模，故事来歴，希少性，特異性，著名度等を勘案して100カ所選ばれました。平成の名水百選の選定条件については，基本的には昭和の場合と同様ですが，昭和の名水百選の選定から20年以上が経過し，この間に持続可能な社会の構築の重要性が増したため，水環境保全の推進をさらに図ることを目的として，「地域の生活に溶け込んでいる清澄な水や水環境の中で，特に，地域住民等による主体的かつ持続的な水環境の保全活動が行われている」ことを重視して選定されました。昭和および平成の名水百選一覧（**表29-1**，**表29-2**）を見ると，都道府県によって選定数は異なりますが，日本各地の様々な場所から選ばれていることが分かります。また，名水百選の選定条件では「飲用できること」とされていないため，見た目にはきれいでも，飲用には適さない場所もあります。名水百選の水質[2,3]や，国内・海外の名水についての情報（日本地下水学会発行の地下水学会誌）も併せてご覧ください。

参考文献
1) 環境省　名水百選ポータル．
https://www.env.go.jp/water/meisui/（2019年12月1日閲覧）
2) 島野安雄（1998）：地下水水質化学の基礎　10．名水の水質．地下水学会誌，**40**(3)，329-345．
3) 藪崎志穂・島野安雄（2009）：平成の名水百選の水質特性．地下水学会誌，**51**(2)，127-139．

表 29-1　昭和の名水百選一覧表

	北海道地方	
北海道	虻田郡京極町　羊蹄のふきだし湧水	湧水
北海道	利尻郡利尻富士町　甘露泉水	湧水
北海道	千歳市　ナイベツ川湧水	湧水
	東北地方	
青森県	弘前市　富田の清水	湧水
青森県	平川市　渾神の清水	湧水
岩手県	下閉伊郡岩泉町　龍泉洞地底湖の水	湧水
岩手県	八幡平市　金沢清水	湧水
宮城県	栗原市　桂葉清水	湧水
宮城県	仙台市　広瀬川	河川
秋田県	仙北郡美郷町　六郷湧水群	湧水
秋田県	湯沢市　力水	湧水
山形県	西村山郡西川町　月山山麓湧水群	湧水
山形県	東根市　小見川	湧水
福島県	耶麻郡磐梯町　磐梯西山麓湧水群	湧水
福島県	耶麻郡北塩原村　小野川湧水	湧水
	関東・甲信地方	
茨城県	久慈郡大子町　八溝川湧水群	湧水
栃木県	佐野市　出流原弁天池湧水	湧水
栃木県	塩谷郡塩谷町　尚仁沢湧水	湧水
群馬県	甘楽郡甘楽町　雄川堰	用水
群馬県	吾妻郡東吾妻町　箱島湧水	湧水
埼玉県	大里郡寄居町　風布川／日本水	湧水
千葉県	長生郡長南町　熊野の清水	湧水
東京都	国分寺市　お鷹の道／真姿の池湧水群	湧水
東京都	青梅市　御岳渓流	河川
神奈川県	秦野市　秦野盆地湧水群	湧水
神奈川県	足柄上郡山北町　酒水の滝／滝沢川	瀑布・河川
山梨県	南都留郡忍野村　忍野八海	湧水
山梨県	北杜市　八ヶ岳南麓高原湧水群	湧水
山梨県	北杜市　白州／尾白川	河川
長野県	飯田市　猿庫の泉	湧水
長野県	安曇野市　安曇野わさび田湧水群	湧水
長野県	北安曇郡白馬村　姫川源流湧水	湧水
	北陸地方	
新潟県	中魚沼郡津南町　龍ヶ窪の水	湧水
新潟県	長岡市　杜々の森湧水	湧水
富山県	黒部市・下新川郡入善町　黒部川扇状地湧水群	湧水
富山県	中新川郡上市町　穴の谷の霊水	湧水
富山県	中新川郡立山町　立山玉殿湧水	湧水
富山県	砺波市庄川町　瓜裂の清水	湧水
石川県	白山市　弘法池の水	湧水
石川県	輪島市門前町　古和秀水	湧水
石川県	七尾市　御手洗池	湧水
福井県	三方上中郡若狭町　瓜割ノ滝	湧水
福井県	大野市　お清水	湧水
福井県	小浜市　鵜の瀬	河川
	東海地方	
岐阜県	郡上市　宗祇水（白雲水）	湧水
岐阜県	美濃市・関市・岐阜市　長良川（中流域）	河川
岐阜県	養老郡養老町　養老の滝／菊水泉	湧水
静岡県	駿東郡清水町　柿田川湧水群	湧水
愛知県	犬山市～可児川合流点　木曽川（中流域）	河川
三重県	四日市市　智積養水	湧水
三重県	志摩市　恵利原の水穴（天の岩戸）	湧水
	近畿地方	
滋賀県	彦根市　十王村の水	湧水
滋賀県	米原市　泉神社湧水	湧水
京都府	京都市伏見区　伏見の御香水	地下水
京都府	宮津市　磯清水	地下水
大阪府	三島郡島本町　離宮の水	地下水
兵庫県	西宮市　宮水	地下水
兵庫県	神戸市　布引渓流	河川
兵庫県	宍粟市　千種川	河川
奈良県	吉野郡天川村　洞川湧水群	湧水
和歌山県	田辺市　野中の清水	湧水
和歌山県	和歌山市　紀三井寺の三井水	湧水
	中国・四国地方	
鳥取県	米子市淀江町　天の真名井	湧水
島根県	隠岐郡海士町　天川の水	湧水
島根県	隠岐の島町　壇鏡の滝湧水	湧水
岡山県	真庭市　塩釜の冷泉	湧水
岡山県	岡山市　雄町の冷泉	湧水
岡山県	苫田郡鏡野町　岩井	湧水
広島県	広島市　太田川（中流域）	河川
広島県	安芸郡府中町　今出川清水	湧水
山口県	美祢郡秋芳町　別府弁天池湧水	湧水
山口県	岩国市　桜井戸	湧水
山口県	岩国市錦町　寂地川	河川
徳島県	吉野川市　江川の湧水	湧水
徳島県	三好市東祖谷山　剣山御神水	湧水
香川県	小豆郡小豆島町　湯船の水	湧水
愛媛県	西条市　うちぬき	湧水
愛媛県	松山市　杖ノ淵	湧水
愛媛県	西予市　観音水	湧水
高知県	県西部　四万十川	河川
高知県	高岡郡越知町　安徳水	湧水
	九州地方	
福岡県	うきは市　清水湧水	湧水
福岡県	福岡市　不老水	地下水
佐賀県	西松浦郡有田町　竜門の清水	湧水
佐賀県	小城市　清水川	河川
長崎県	島原市　島原湧水群	湧水
長崎県	諫早市　轟渓流	河川
熊本県	宇土市　轟水源	湧水
熊本県	阿蘇郡南阿蘇村　白川水源	湧水
熊本県	菊池市　菊池水源	河川
熊本県	阿蘇郡産山村　池山水源	湧水
大分県	由布市　男池湧水群	湧水
大分県	竹田市　竹田湧水群	湧水
大分県	豊後大野市　白山川	河川
宮崎県	小林市　出の山湧水	湧水
宮崎県	東諸県郡綾町　綾川湧水群	湧水・河川
鹿児島県	熊毛郡屋久町・上屋久町　屋久島宮之浦岳流水	河川
鹿児島県	姶良郡湧水町　霧島山麓丸池湧水	湧水
鹿児島県	川辺郡川辺町　清水の湧水	湧水
	沖縄地方	
沖縄県	南城市　垣花樋川	湧水

表 29-2　平成の名水百選一覧表

	北海道地方	
北海道	上川郡東川町　大雪旭岳源水	湧水
北海道	中川郡美深町　仁宇布の冷水と十六滝	湧水
	東北地方	
青森県	十和田市　沼袋の水	湧水
青森県	西津軽郡深浦町　沸壷池の清水	湧水
青森県	北津軽郡中泊町　湧つぼ	湧水
岩手県	盛岡市　大慈清水・青龍水	地下水
岩手県	盛岡市　中津川綱取ダム下流	河川
岩手県	一関市　須川岳秘水ぶなの恵み	湧水
秋田県	にかほ市　獅子ヶ鼻湿原“出壷”	湧水
秋田県	にかほ市　元滝伏流水	湧水
山形県	東田川郡庄内町　立谷沢川	河川
福島県	福島市　荒川	河川
福島県	喜多方市　栂峰渓流水	河川
福島県	相馬郡新地町　右近清水	湧水
	関東・甲信地方	
茨城県	日立市　泉が森湧水及びイトヨの里泉が森公園	湧水
群馬県	多野郡上野村　神流川源流	河川
群馬県	利根郡片品村　尾瀬の郷片品湧水群	湧水
埼玉県	熊谷市　元荒川ムサシトミヨ生息地	河川
埼玉県	秩父市　武甲山伏流水	地下水
埼玉県	新座市　妙音沢	河川
埼玉県	秩父郡小鹿野町　毘沙門水	湧水
千葉県	君津市　生きた水・久留里	地下水
東京都	東久留米市　落合川と南沢湧水群	湧水・河川
神奈川県	南足柄市　清左衛門地獄池	湧水
山梨県	甲府市　御岳昇仙峡	河川
山梨県	都留市　十日市場・夏狩湧水群	湧水
山梨県	山梨市　西沢渓谷	河川
山梨県	北杜市　金峰山・瑞牆山源流	河川
長野県	松本市　まつもと城下町湧水群	湧水
長野県	飯田市　観音霊水	湧水
長野県	木曽郡木祖村　木曽川源流の里　水木沢	湧水・河川
長野県	下高井郡木島平村　龍興寺清水	湧水
	北陸地方	
新潟県	村上市　吉祥清水	湧水
新潟県	妙高市　宇棚の清水	湧水
新潟県	上越市　大出口泉水	湧水
新潟県	岩船郡関川村・村上市・胎内市　荒川	河川
富山県	富山市　いたち川の水辺と清水	湧水・河川・地下水
富山県	高岡市　弓の清水	湧水
富山県	滑川市　行田の沢清水	湧水・河川
富山県	南砺市　不動滝の霊水	湧水
石川県	七尾市　藤瀬の水	湧水
石川県	小松市　桜生水	湧水
石川県	白山市　白山美川伏流水群	湧水
石川県	能美市　遣水観音霊水	湧水
福井県	小浜市　雲城水	地下水
福井県	大野市　本願清水	湧水
福井県	三方上中郡若狭町　熊川宿前川	用水
	東海地方	
岐阜県	岐阜市　達目洞（逆川上流）	河川
岐阜県	大垣市　加賀野八幡神社井戸	地下水
岐阜県	郡上市　和良川	河川
岐阜県	下呂市　馬瀬川上流	河川
静岡県	静岡市　安倍川	河川
静岡県	浜松市　阿多古川	河川
静岡県	三島市　源兵衛川	用水
静岡県	富士宮市　湧玉池・神田川	湧水・河川
愛知県	岡崎市　鳥川ホタルの里湧水群	湧水
愛知県	犬山市　八曽滝	河川
三重県	名張市　赤目四十八滝	河川
	近畿地方	
滋賀県	長浜市　堂来清水	湧水
滋賀県	高島市　針江の生水	湧水
滋賀県	米原市　居醒の清水	湧水
滋賀県	愛知郡愛荘町　山比古湧水	湧水
京都府	舞鶴市　大杉の清水	湧水
京都府	舞鶴市　真名井の清水	湧水
京都府	綴喜郡井手町　玉川	河川
兵庫県	多可郡多可町　松か井の水	湧水
兵庫県	美方郡香美町　かつらの千年水	湧水
奈良県	宇陀郡曽爾村　曽爾高原湧水群	湧水
奈良県	吉野郡東吉野村　七滝八壷	河川
和歌山県	新宮市　熊野川（川の古道）	河川
和歌山県	東牟婁郡那智勝浦町　那智の滝	河川
和歌山県	東牟婁郡古座川町・串本町　古座川	河川
	中国・四国地方	
鳥取県	鳥取市　布勢の清水	湧水
鳥取県	東伯郡湯梨浜町　宇野地蔵ダキ	湧水
鳥取県	西伯郡伯耆町　地蔵滝の泉	湧水
島根県	出雲市　浜山湧水群	湧水
島根県	安来市　鷹入の滝	河川
島根県	鹿足郡吉賀町　一本杉の湧水	湧水
岡山県	新見市　夏日の極上水	湧水
広島県	呉市　桂の滝	河川
広島県	山県郡北広島町　八王子よみがえりの水	地下水
山口県	萩市　三明戸湧水，阿字雄の滝（大井湧水）	湧水
山口県	周南市　潮音洞，清流通り	用水
徳島県	海部郡海陽町　海部川	河川
香川県	高松市　楠井の泉	湧水
愛媛県	新居浜市　つづら淵	湧水
高知県	高知市　鏡川	河川
高知県	四万十市　黒尊川	河川
	九州地方	
福岡県	朝倉郡東峰村　岩屋湧水	湧水
熊本県	熊本市　水前寺江津湖湧水群	湧水
熊本県	熊本市・玉名市　金峰山湧水群	湧水
熊本県	阿蘇郡南阿蘇村　南阿蘇村湧水群	湧水
熊本県	上益城郡嘉島町　六嘉湧水群・浮島	湧水
大分県	玖珠郡玖珠町　下園妙見様湧水	湧水
宮崎県	西臼杵郡五ヶ瀬町　妙見神水	湧水
鹿児島県	鹿児島市　甲突池	湧水
鹿児島県	指宿市　唐船峡京田湧水	湧水
鹿児島県	志布志市　普現堂湧水源	湧水
鹿児島県	大島郡知名町　ジッキョヌホー	湧水
	沖縄地方	
沖縄県	中頭郡北中城村　荻道大城湧水群	湧水

Topic 9　日本にある地底湖

地球上にある地底湖は，ほとんどすべてが洞穴内にあります。これは地底湖に集まる地下水の起源が降水であるため，降水が洞穴を形成して地下水を集中させるからです。この意味で，地底湖と地下河川の区別をすることが難しい場合もあります。

地球上にある洞穴の種類には，石灰洞（鍾乳洞）・火山洞・岩塩洞・パイプ洞などがあります。特に岩塩地帯には大きな地底湖ができることが多く，南ドイツのザルツブルグにあるベルヒテスガーデンが大変神秘的なものとして有名であり，その直径は 100m を超えるといわれています。世界最大級のものとしてはスイスのサンレオナール地底湖があり，長径は 300m に達しています。

我が国にはこれほど巨大な地底湖はありませんが，岩手県の岩泉町には昭和の名水百選に選ばれた「龍泉洞地底湖の水」があり，透明度の高い水を湛えています[1]。現在までに八つのホール (地底湖) が確認されていて，深さ 98m の第 3 ホールの地点まで行くことができます。しかし，その奥の最深 120m 以上あるとされる第 4 ホールとの間にはサンプ（壁）があり，潜水で確認することができていません(**図 1**)。

地底湖に潜ったときに鍾乳石が見つかると，過去に空洞となり陸化していたことが分かります。逆に鍾乳石がないと，常に水で満たされていたと言えます。このことから，富士山北東麓の忍野八海では，鷹丸尾溶岩流に続く地底水域がこれまでに枯れたことがなく，常に水で満たされていたことが分かりました[2]。逆に，安家洞の高月新洞地底湖では，水中に鍾乳石があることから，かつてはドライ状態であった洞穴に地底湖が形成されたと言えます（**図 2**)。この他に，メキシコのセノーテ・マヤや沖縄の青の洞窟・南大東島の星野洞などは，相対的に海水準が上昇してできた水没洞として有名です。また，ロシアのオルダ洞穴も巨大水中洞として世界的に有名で，断層に伴う地盤の沈降が原因と考えられ，全長 5 km を超える地底湖（地底洞穴）を形成し

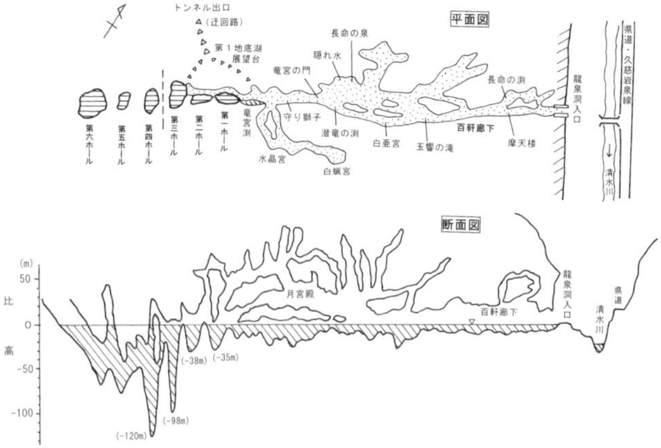

図1　龍泉洞地底湖の概要図（島野・藪崎[1]に加筆）

ています[3]。地底湖の成因を概観すると，岩盤が溶出してできた塩湖系のものと，地盤の沈下を起因とするものに大別できます。我が国においては後者がほとんどです。

図2　安家洞の高月新洞地底湖（提供：洞穴探検協会）

参考文献

1) 島野安雄・藪崎志穂 (2008)：岩泉町の湧水・河川水の水質. 文星紀要，**19**，17-32.
2) NHK スペシャル（2012）：水の山，富士山，（監修・出演；丸井敦尚）
3) NHK スペシャル（2017）：巨大水中洞窟を潜る絶景オルダ：“水の宇宙”（監修；丸井敦尚）

（丸井　敦尚）

湧水や井戸の名称はどのように付けられたのですか？

Question 30

Answerer 藪崎 志穂

人名に関わるもの

人の名前が付けられた井戸や湧水の場合，それらを発見した，使っていたとされる人の名前が使われているのが一般的ですが，実際にその人物が関わっている場合はわずかで，大抵は伝承・伝説の場合が多いようです。人名に関わる名称で最も有名なのは弘法大師で，「弘法水」「弘法池」「弘法の独鈷水」「杖ノ淵」など弘法大師が杖を突きたてて湧出したという伝承があり，北海道と沖縄を除く日本各地に約 1500 カ所分布しています。平安時代の歌人で美人として名高い小野小町に関する井戸（化粧井戸など）は，京都や東北地方に多くあります。そのほかに，安倍晴明の邸跡にある「晴明井（京都市）」，源義経の産湯として使われたとされる「牛若丸誕生井」，源頼朝に関わる井戸「頼朝の一杯水（熱海市）」・「御鬢《おびん》水（富士宮市）」など，歴史上有名な人物の名が付くものがあります。

神仏やご利益に関わるもの

医療技術が未熟で，薬も十分に入手できなかった時代では，病や怪我の快癒を神仏に頼ることが多々ありました。湧水が病気に効果があるとする伝承は，現世利益を求める傾向のある仏教と深く関わっているとされていることからも[1]，神仏やご利益に関わる名称が付けられている井戸や湧水が各地に多数あるのも納得できます。神仏が関わる名称では，「弁天水」や「観音水」，「毘沙門水」，天照大神が隠れ住み雨乞いにご利益があると伝わる「恵利原の水穴（三重・磯部町）」，日本武尊が伊吹山の神の毒気にあたったときに傷を癒したとされる「居醒の清水（米原市）」，山神の化身である老人が水を飲んで醍醐味と賞賛した京都の醍醐寺の「醍醐水」などがあります。また，龍神（竜神）にまつわるものも多くあり，盛岡市の「龍神水」や「青龍水」，新潟県津南町の「龍ヶ窪」などがあります。龍は神話・伝説上の生きものですが，雲雨を司る神として崇められており，この名称が付けられた水は雨乞いとしての祈りの場であるとともに，水源を汚さないようにするため，龍神の棲む池として人々に畏敬の念を持たせ立ち入りを制限する役割もあったと考えられます。ご利益のある名称では，乳の出が良くなると伝わる亀岡市の「乳の泉」，病を治すとされるお水取りで有名な奈良市の「閼伽井」などがあります。井戸に蛇骨を投入すると霧が湧き出して山城を包み，敵の攻撃を阻んだとの伝説が残る岩村城（恵那市）の「霧ヶ井戸」など，水と信仰が合わさった興味深い名称もあります。

地形や地質，湧出状況や形態に関わるもの

地形や地質の特徴が名称に関わっているものでは，富士山や浅間山の山麓の溶岩の間から湧水が滝のように流れ落ちる「白糸の滝」，白蛇が棲むとされている谷の間から湧き出す富山県上市町の「穴の谷の霊水」，深い淵から清水が湧き出る新居浜市の「つづら淵」，深く削られた段丘崖の下部から水が湧いている静岡県長泉町の「窪の湧水」，周囲が海に囲まれた砂州からなる天橋立の井戸「磯清水（宮津市）」などがあります。

湧水の湧出状況や形態に由来する名称では，ブナや桂の大木の間から湧き出す「ブナ清水」や「桂清水」など，大木に関連する湧水を各地で目にします。湧出時の音に関する名称では，大きな岩の間から大量の水が流れ出るときの洞窟内に反響する音が由来の奈良県天川村の「ゴロゴロ水」，形態に関する名称では，鹿児島県湧水町の「丸池湧水」，山形県遊佐町の「丸池様」，山形県朝日町の樋が５本出ている「五本樋」，熊本市の「菱形池」などがあります。他に，武蔵野台地では井戸の形がカタツムリの殻に似ていることから付けられた「まいまいず井」や「七曲井」，大津市の清らかな水が勢いよくあふれ出す井戸「走井」，山梨県忍野村の水面が鏡のように富士山や周囲のものを映す「鏡池」などがあります。

湧水の湧出口の形状に関わるもの

湧水の湧き出し口として使われているものとして，水の守護神である龍や神様のお使いとされている亀を模った「龍の口」や「亀の口」は神社や仏閣の手水で多く見られるほか，松尾大社の「亀の井（京都市）」や「亀の子水（山形県山辺町）」があります。亀岡市の千手寺にある「ご香水（金剛水）」のように，木製の鯉の口から水が流れる珍しいものもあります。

その他

舞鶴市の「真名井の清水」や米子市の「天の真名井」，亀岡市の「真名井の水」など，清浄な水に付けられる最大級の敬称（真名井）を持つ水や，瓜が自然に割れるほど冷たい水とされる北陸地方の「瓜裂清水」や「瓜割ノ滝」，神戸市の「炭酸源泉」や福島県金山町の「炭酸井戸」のように炭酸ガスを含んだ水の名称があります。お酒造りに使われていた福島県天栄村の「甘酒清水」や織物が美しく染め上がるとされる京都市西陣の「染殿井」など，ものつくりに関わる名称もあります。多くの椀が必要なときに願うと翌朝出てくるとの伝承を持つ本宮市の「椀田の清水」のように便利な井戸がある一方，井戸の中を覗き込んで自分の顔（影）が水面に映らなければ３年以内に命を落とすとの不気味な言い伝えがある高野山・奥の院の「姿見の井戸」があります。南足柄市の「清左衛門地獄池」では乗っていた馬もろとも人が池の中に吸い込まれてしまったと言われており，おそらく池の底から水が湧いており，底なし沼のようになって地下（＝地獄）に引き込まれてしまったことが想像できます。戦で亡くなった人や罪人の首を刎ねた太刀を洗ったとされる郡上八幡城の「首洗い井戸」や豊田市・田川市の「太刀洗の井戸」，梶原景時が上総介広常を討った太刀を洗ったと伝わる鎌倉市の「梶原太刀洗水」など，夜にはあまり訪問したくない名称の水もあります。また，平安時代の小野篁がこの世と冥途との往路・帰路として利用していたと伝わる京都の「冥土通いの井戸」と「黄泉がえりの井戸」は有名です。このように，雨乞や病，傷を治すのに使われた神聖な井戸がある一方で，死や冥途など陰のイメージを有する井戸もあり，その二面性に井戸や湧水の名称が持つ奥深さを感じます。

ここで紹介したのは数ある名称の一部ですが，貴重な水源を守り，水を与えてくれる神仏や自然への畏敬の念が水の名称に込められていると言えるでしょう。

参考文献 1）秋田裕毅（2010）：ものと人間の文化史 150 井戸．法政大学出版局，242p.

Topic 10　湧水と小説

文学作品の中には湧水が流れる情景を描写したものもあります。ただし，ほとんどは，数行の短い記述で終わっており，印象に残らないものが多いのではないでしょうか。

そんな中にあって，最も有名な作品は，大岡昇平著の「武蔵野夫人」です[1]。

この小説は，東京の西部にある武蔵野台地のはけ（崖）を舞台に主人公の人妻道子と戦地から復員してきた従弟の勉，そして道子の夫の秋山忠雄と道子の親類の大野英治の妻富子の恋愛模様を描いた作品です。文中では，武蔵野台地の舞台となる野川沿いの湧水についての記述も多く見られます。

例えば武蔵野台地の段丘崖から湧出する湧水については「水は窪地の奥が次第に高まり，低い崖となって尽きるところから湧いている。武蔵野の表面を蔽う壚埒（ローム），つまりは赤土の層に接した砂礫層が露出し，きれいな地下水が這い出るように湧き，すぐにせせらぎを立てる流れとなって落ちて行く。」というように湧出する様子が詳細に記述されています。この武蔵野夫人の舞台となった武蔵野台地の国分寺周辺の湧水は，小説に記述があるように野川の沿った段丘崖よ

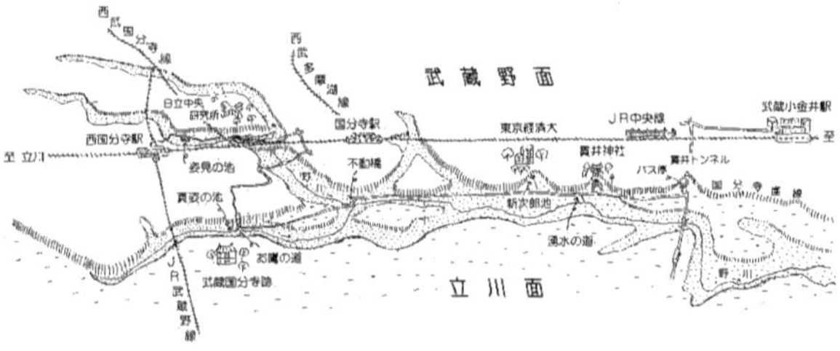

図１　国分寺付近の地形概観図

り何カ所かで湧出しており，東京都の名水 57 選や環境庁（現・環境省）の「名水百選」（昭和 60 年選定）にも「お鷹の道・真姿の池湧水群」として選ばれています。

もう一つは富士山麓の三島湧水を記載したもので立原正秋著の「きぬた」です[2]。

あらすじは，主人公の女性，縫（ぬい）は小田原の自照寺に生まれ，三島にある勧心寺の長岡道舜のもとに嫁ぐものの，道舜は本来禅寺の僧侶であるが寺を離れて小説家となり，多くのものに愛想をつかされて東京のマンションで酒と女性との放埒な生活を送っている。なかなか帰らない夫を待ちながら，いろいろな思いをする妻と頽廃的な中で生きる夫，それに関係する男女の交錯を絡めた叙情的な純文学作品です。小説中には，三島の市内を流れる湧水の景観と縫の心情を描いた場面が多く記述されています。

例えば，「黄瀬川をはさんで西に富士火山帯，東に箱根火山帯が連なり広大な裾野を展開していたので，この辺り一帯は季節を問わず湧水の豊かな土地だった。縫は，これらの小川やせせらぎを，いくつか記憶にとどめていた。十四年前，観心寺に輿入れしてきたとき，裾野は晩春だった。縫は夫につれられて裾野に遠出をした。芽を吹いたばかりの雑木の嫩（わか）みどりと萌黄色の渦のなかに山桜の淡い花の色が点在し，降るような陽光の拡がりのなかで，それらの樹木が天に向かって無限に生きのびようとしていた。雪解けのせせらぎにそれらの彩りが乱れ，闌（た）けた春の色が縫の感情を染めたものであった。」というくだりや，心が疲れて行き場のないときに泉を眺めに行こうかとふと考え，泉に向かう場面では，「国道の南側にせまい空き地があり，そこから曲がりくねった階段を五メートルほど西に降りると，樹木に囲まれた広さ二百坪ほどの泉があった。湧出口はいくつかあるのだろう，直径二十センチから五十センチほどの黒い穴が無数に点在し，そこから清冽な地下水が砂と一緒に噴きあがっていた。…（中略）…日にどれだけの地下水が湧出しているのか，縫はこまかいことは知らなかったが，それは無限に絶えることなく湧いているように思えた。三島周辺には工場も多く，工業用水に使われる量も大きかった。それでなお使いきれない水を狩野川に捨てているとなると，いったいどれだけの湧出量があるのか。背後に仮借のない現実を控えている身に，行くところがなく泉をおもいだしてきた身に，この目前の地下水はやはり慰藉（いしゃ）になった。･･･」などがあります。

少し興味を持たれたならば，読んでいただければ幸いです。

図２　柿田川の湧水

参考文献　1）大岡昇平「武蔵野夫人」新潮文庫（新潮社，2005）
2）立原正秋「きぬた」 文春文庫 （文芸春秋社，1976）

（五藤　幸晴）

水神様や水信仰は地下水や湧水に係わりがありますか？

Question 31

Answerer 島野 安雄

水神と水神社

きれいな水が湧き出ている湧口や池の傍らには石碑や石像の水の神様が祀られていることをたびたび見かけることがあります[1)]。中には小さな社を構えているものもあれば，大きな神社のご神体になっている場合もあります。

古事記や日本書紀という「記紀神話」に登場する水の神様としては，罔象女神，高龗神・闇龗神，泣沢女神，若宇加能売神をはじめとして，天の水分神・国の水分神や善女竜王などを含めて 10 柱以上数えられます。水の清らかなイメージから女性神がほとんどですが，建御名方神のように男性神の場合もあります。これらの水の神々は主祭神または脇神として，あるいは摂社神として，それぞれの神社で祀られています（**表 31-1**）。

最初に挙げた罔象女神は弥都波能売神とも書かれ，伊邪奈美命の尿から生まれたとされ，名の“ミツハ”は「水が走る」や「水が這う」という意味があり，川の神・農耕に関する水を司

表 31-1　主な水神名とそれを祀る神社

水 神 名 （よみ・別称）	云われ等	水神を祀る主な神社名
罔 象 女 神 （みづはのめのかみ） （弥都波能売神）	伊邪奈美命の尿から生まれた神，水の神	丹生川上神社・中社（奈良・東吉野） 岡太神社（福井・越前） 大井神社（静岡・島田）
高龗神・闇龗神 （たかおかみのかみ・くらおかみのかみ） （高・闇 於加美神）	伊邪奈岐命が火の神の首を斬った血から生まれた神，雨の神	貴船神社（京都） 丹生川上神社・上社（奈良・川上） 丹生川上神社・下社（奈良・下市） 大山阿夫利神社（神奈川・伊勢原）
泣 沢 女 神 （なきさわめのかみ） （哭沢女神・啼澤女神）	伊邪奈岐命の涙から生まれた神，井泉神	哭沢女神社（奈良・橿原） 藤並神社（和歌山・有田川）
若宇加能売神 （わかうかのめのかみ） （若宇加乃売命）	豊受大神の分身，河川の神	広瀬神社（奈良・河合）

る神，または井戸の神として知られ，奈良県東吉野村に鎮座する丹生川上神社・中社に主神として祀られています。高龗神（高於加美神）と闇龗神（闇於加美神）は，ともに伊邪奈岐命が火之迦具土神の首を斬った血から生まれたとされ，高い山の峰にあって雨を司る神霊と峰から流れ下る渓流に宿る神霊とされ，いずれも谷の水に関係する神々であり，また祈雨・止雨という雨乞いの神様としても信仰されています。そして，「龗」という字は，「雨＋品＋龍」という三文字からなり，川の源となる雨と流れ下る龍の本体とが合体したものであることを物語っています。この神々は京都鞍馬の貴船神社や丹生川上神社の上社・下社，伊勢原市の大山阿夫利神社などで祀られています。泣沢女神は伊邪奈岐命の涙から生まれたとされ，井泉神として知られています。若宇加能売神は，大和盆地を流れる河川がすべて集まる合流点近くに祀られた川の神として知られています。また，水分神は文字通り「水を配る」の意であり，稲作の水に関係し，山からの水を分配することを司り，水源地の近くに祀られることが多いようで，奈良県では吉野・葛木・宇陀・都祁の水分神社が知られています。なお，水神の象徴としては龍・蛇・河童などがありますが，これらは水神の神使とされたり，神そのものとされたりします。

阿蘇外輪山の南西麓にある吉無田高原では，吉無田水源という水量豊かな湧水が流れ出ています。その水源の近くに，道を隔てて水神社（**図 31-1**）と山神社とが同じ方向を向いて鎮座しています。水神社では，阿蘇の神でもある健磐龍命を中に挟んで右に水波女神・左に国水分神という水神名が刻まれた石碑が納められています。同じように，北西麓にある菊池水源は湧水からなる渓流水で知られた渓谷で，傍らに水天宮が鎮座しています。その小さな社の中には水波能売神という木簡が納められています（**図31-2**）。

図 31-1　吉無田高原の水神社

水信仰

水信仰については，こうした水神社だけでなく，多岐にわたります。湧水池の傍らには水神の他に，火炎を後背とする不動明王が祀られているケースもあります。「水」と「火」，相反する事象ですが，必ずしもそうではないようです。雨乞いの儀式では，水を持ち帰り，護摩の火を焚いたりします。また，東大寺二月堂の修二会では，二週間にわたる行事の終わりの方で，達陀松明を挟んで火天と水天との鬩《せめ》ぎ合いが行われます。

図 31-2　菊池水源の水天宮内の木簡

水は古来より生命の源泉であり，清きものであって，神秘的な力をも持つとされています。特に宗教的な儀式では，水は特別な存在となっています。清めの水として穢れを祓う「禊」をはじめとして，変身・再生・

図 31-3　マサビエル洞窟

図 31-4　ルルドの泉

供養・治癒や祝の水などに用いられてきました。神道や仏教，ヒンズー教やキリスト教・イスラム教などでも水は大切に扱われ，聖水と呼ばれる水があります。

聖水・ルルドの泉

特に有名なのは，ピレネー山脈の北側，フランス南部のルルドで 1858 年に起こった出来事です。近くに住んでいたベルナデット・スービルという 14 歳の少女が聖母マリアの出現を見て，お告げにより近くにある洞窟で泉を発見します（**図 31-3, 図 31-4**）。その湧き水によって病人が治癒したとされ，以後，“奇跡の泉”として知られます[2)]。これにより聖地として教会や病院などが次々に整備されました。今では毎年春から秋にかけて 500 万人とも 700 万人ともいわれる人々が訪れ，キリスト教の聖地であるとともに一大観光地にもなっています。同様に，日本でも病気になった人の夢枕に観世音菩薩が現れ，そのお告げによって出向いた先で湧水を見つけ，飲んだ水によって病気が快方に向かったという話が多々あります。

参考文献

1) 島野安雄（1999）：水の神々．日本地下水学会編「続 名水を科学する」，技報堂出版，p76.
2) 島野安雄（2017）：名水を訪ねて（116）ピレネー山脈の水．地下水学会誌，**59**(1)，29-45.

地下水や湧水と食文化に関係がありますか？

Question 32

Answerer 浅井 和由

軟水と硬水

地下水の味を最も左右するのが含まれているミネラルの量で，硬度と呼ばれています。硬度は地質と地下水の流動速度に依存します。ヨーロッパ大陸は石灰岩（主に $CaCO_3$）が広く分布し，地形的にも緩やかなため，地下水は石灰岩を溶かしながらゆっくりと流動し，濃度の高い硬水を作り出します（**図 32-1**）。それに対して日本は，石灰岩よりも溶出しにくい火成岩が主体で，さらに地形的に急峻で地下水の流動速度が大きいため，溶存成分の少ない軟水が多くなります。

緑茶（日本茶）や紅茶は，軟水の方が茶葉の成分を良く抽出すると言われています。日本で緑茶文化，イギリスでは紅茶文化が発達したのは，ともに火成岩系の地質で軟水の水であるからとされています。緑茶の味を悪くするものとしては，鉄・カルシウム・マグネシウムなどがあります。鉄はタンニンと結合してお茶の色を黒くし味も悪くします。カルシウムは，逆にタンニンの溶け出しを妨げて，お茶で重要な渋み成分をなくしてしまいます。しかし，コーヒーに関しては軟水か硬水かの差があまり生まれず，このことが世界中に広まった要因のようです。また，お米を軟水と硬水とで別々に炊いた場合，水分量に約８％の違いが表れ，硬水で炊いたご飯はパサパサしています。これはカルシウムがお米の表面に付着して，水分を吸い込むのを妨げてしまうからです。

硬水の料理法

硬水は肉や野菜の食材のえぐみを灰汁として取り除く効果や

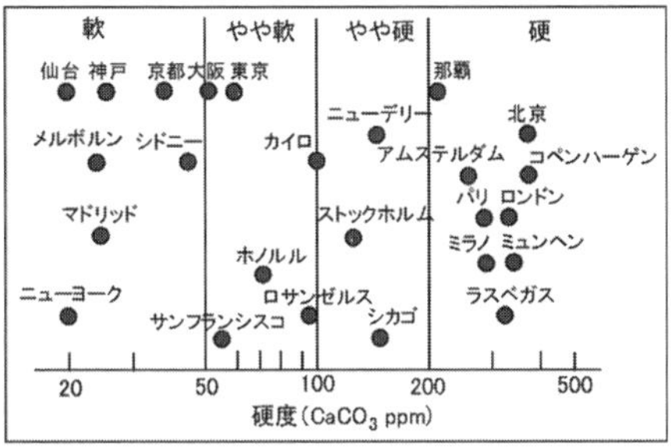

図 32-1　世界の都市の水の硬度分布（日下・竹村[1]をもとに作成）

糊化の抑制効果，さらには食物繊維を硬化させる働きがあります（**図 32-2**）。しかし，この硬水では出汁を取ることができません。カツオ節や昆布などの出汁成分になるアミノ酸やペプチドなどが硬水中のカルシウムやマグネシウムと結合して固まってしまい，旨み成分が溶け出してこないからです。そのため，フランスのポトフ・スペインのパエリア・イタリアのリゾットなどの伝統的な家庭料理では，料理そのものに硬水の水を直接に使うことはなく，料理用に工夫がなされています。いったん，肉や野菜を煮込んで素材の旨み成分の溶け出したビーフスープやベジタブルスープなどの“スープストック”という軟水の料理水にしたものを使います。

なお，イタリアのパスタについても，グルテンの劣化を防ぎ，コシのある食感で小麦本来の風味を引き出す硬水が製造過程で使われ，また茹でる際にもパスタの表面をザラザラさせてソースを絡みやすくするために硬水が使われています。

京都の地下水が育んだ日本料理の文化

古くから都として栄えた京都は，三方を山に囲まれた盆地で，加茂川（鴨川）や高野川を始めとして多くの中小河川が流入し，それらの河川が作った扇状地の上にかつて洛中と呼ばれた平安

	軟水	硬水
ご飯を炊く 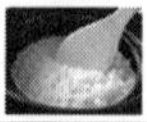	ふっくらと炊きあがる （含水量が大） 和食のご飯	粘りがなくパサパサになる （カルシウムの硬化作用，含水量が小） パエリア，ピラフ，チャーハン
ダシをとる 	旨味や香りを引き出す （グルタミン酸・アミノ酸を溶かし易い） 昆布や鰹節などの和風ダシに最適	臭みをアク（灰汁）として排出 （食材のえぐみとカルシウムが結合し、臭みのないスープができる） スープストック，ブイヨン
煮込み料理 	軟らかく煮上がる （水の浸透が良いため、軟らかく仕上がる） 水炊き，魚の煮付け	煮崩れしにくい （カルシウムの硬化作用） 肉の煮込み料理，シチュー
麺を茹でる 	麺に水が入りやすい うどん，そば，ラーメン	麺にコシがでる （糊化の抑制作用） パスタ
飲料水 	香りを引き出す 煎茶，抹茶，ほうじ茶，紅茶，焼酎・アメリカンコーヒー	苦みを抑える エスプレッソ スコッチウィスキー

図 32-2　軟水・硬水と料理

京が広がっていました。周囲の水が集中するため，この地域は地下水が非常に豊富で，多くの井戸が掘削され，名水・名井と呼ばれる井戸も数多く分布しています[2)]。

ほどよくミネラルを含み，鉄やマンガンの少ない軟水の地下水は，昆布や鰹の出汁をとるのに適しています。京都の長い歴史の中で形成された「出汁」を基本とする日本料理の五体系（大饗料理，精進料理，本膳料理，懐石料理，お番菜）の土台となっていたのは京都の良質な地下水に他なりません。また豆腐，生麩，湯葉などの大豆・小麦加工食品も京都の地下水の副産物の一つです。特に水温が一定な京都の地下水を利用した豆腐は，どの季節でも品質が良いと評判になっています。

京都の地下水は，お茶の水や酒造の仕込み水としても古くから利用されました。京都にある茶道の家元，三千家（表千家，裏千家，武者小路千家）は，それぞれの独自の井戸を持っています。中でも裏千家の「梅の井」は，初代より守り抜いてきた名井として知られています。その他にも豊臣秀吉が大茶会の際に利用した「太閤井戸」や宇治茶と関わりの深い「桐原水」もあります。また伏見は，かつて「伏水」と呼ばれたほどに軟水の伏流水が豊富な場所で，甘口の“女酒”の産地として知られています。一方，兵庫県西宮の灘は「宮水」という硬水であって，辛口の“男酒”の産地として双璧をなしています。

地下水に育まれた食材

わさび（山葵）は，薬味や調味料として使われる食材です。特に水耕栽培でつくられる水わさびは品質が高く，刺身や蕎麦の薬味として重宝されます。水わさびは非常にデリケートな食材で，高品質のものを栽培するには，①流量と水温の安定した湧水，②生育に適した水温（10～16℃程度），③透水性の良い土壌の三つが必要とされます。

これらの条件を満たす伊豆半島の天城火山山麓や富士山山麓では，水わさびの一大産地となっています。特に，天城火山山麓で発達した「畳石式」と呼ばれる棚田状ワサビ田の美しい景観や巧みな栽培技術は，日本農業遺産に登録されています[3]。

参考文献
1) 日下 譲・竹村成三（1990）：生活と水．化学と工業，**43**，1479-1481.
2) 藪崎志穂・河野 忠・鈴木康久（2014）：名水を訪ねて（104）京都盆地とその周辺地域の名水．地下水学会誌，**56**(1)，53-65.
3) 農林水産省（2019）：日本農業遺産とは．
http://www.maff.go.jp/j/nousin/kantai/giahs_1_2.html

テトラクロロエチレンによる地下水汚染から復活した神奈川県秦野市の「弘法の清水」[昭和の名水百選（秦野盆地湧水群）]
1991 年 1 月に地下水汚染が発覚し，その後，市内全域を対象とした地下水汚染浄化対策が実施され，2004 年 1 月 1 日に「秦野盆地湧水群復活宣言」が出されて記念式典が行われた

Section 5 地下水の汚染

原位置土壌・地下水汚染浄化（バイオレメディエーション）の実施例（上：注入井からの帯水層への栄養剤の注入風景，下：帯水層へ注入する栄養剤のタンク）

地下水汚染を起こす物質にはどのようなものがありますか？

Question 33

Answerer 中島　誠

地下水汚染を引き起こす可能性のある主な物質

地下水汚染を引き起こす物質には，**表 33-1** に示すように，様々なものがあります。

我が国では，地下水汚染に対する対策が必要な項目として，

表 33-1　地下水汚染物質を引き起こす主な物質

区分	主な物質
重金属類	カドミウム，シアン，鉛，六価クロム，砒素，水銀，アルキル水銀，セレン，ふっ素，ほう素，銅，マンガン，亜鉛など
揮発性有機化合物	テトラクロロエチレン，トリクロロエチレン，1,1-ジクロロエチレン，1,2-ジクロロエチレン，クロロエチレン，1,1,1-トリクロロエタン，1,1,2-トリクロロエタン，1,2-ジクロロエタン，四塩化炭素，クロロホルム，ジクロロメタン，1,3-ジクロロプロペン，ベンゼン，トルエン，エチルベンゼン，キシレン，1,4-ジオキサンなど
鉱油類	ガソリン，灯油，軽油，重油，潤滑油など
農薬類	PCB，クロロフェノール類，DDT，HCH（BHC），チウラム，シマジン，チオベンカルブなど
肥料類	無機態窒素（硝酸性窒素，亜硝酸性窒素など），無機態リン，塩化物，硫化物，リン酸など
病原性微生物類	チフス菌，パラチフス菌，コレラ菌，赤痢菌，大腸菌，ボツリヌス菌，肝炎ウイルス，ポリオウイルス，赤痢アメーバ，クリプトストロジウムなど
放射性物質	トリチウム（^{3}H），放射性ストロンチウム（^{90}Sr），放射性ヨウ素（^{129}I），放射性セシウム（^{134}Cs，^{137}Cs），プルトニウム（^{238}Pu，^{239}Pu，^{240}Pu など），ラドン（^{222}Rn）など

※　下線は「地下水の水質汚濁に係る環境基準」の基準項目であることを示す（クロムは六価クロムとして，硝酸性窒素，亜硝酸性窒素は硝酸性窒素及び亜硝酸性窒素として基準項目となっている）。

表 33-1 中に下線付きで示した 28 項目が「地下水の水質汚濁に係る環境基準」（以下「地下水環境基準」）の基準項目とされています（2020 年 4 月現在）。地下水環境基準項目となっている物質の主な用途は，**Q35** に示している通りです。

最近では，ダイオキシン類についても，汚染された土壌により地下水汚染が生じる可能性があることが報告されています[1)]。

重金属類による地下水汚染

重金属類には，重金属（比重が 4 ～ 5 以上の金属元素）であるカドミウム，鉛，クロム，水銀などのほか，半金属（金属と非金属の中間的な性質を示す元素）に分類される砒《ひ》素《そ》，セレン，ほう素などや，ふっ素，シアンなども含まれます。

重金属類は，一般に，陽イオンのかたちをとるため，負に荷電する土壌表面に吸着しやすく，土壌中や地下水中での移動性は高くありません。そのため，地下水汚染が生じたとしても局所的で深部までは広がりにくいという特徴があります。これに対して，陰イオンのかたちをとる六価クロムや砒素などは，土壌表面に吸着しにくく，土壌中や地下水中での移動性は陽イオンのかたちをとるものよりも高めであるため，地下水汚染が生じやすく，広い範囲に深部まで広がりやすいという特徴があります。

揮発性有機化合物や鉱油類による地下水汚染

揮発性有機化合物には，テトラクロロエチレンやトリクロロエチレンのような揮発性有機塩素化合物，ベンゼン，トルエン，エチルベンゼン，キシレンのような低沸点の石油系炭化水素，1,4-ジオキサンなどがあります。揮発性有機塩素化合物や石油系炭化水素は，難分解性で水に溶けにくい液体であり，土壌に吸着しにくく，粘性や表面張力が小さいため，土壌中や地下水中に原液状のまま溜まったり，地下深部まで移動したりしやすいという特徴を有しています。水よりも比重が大きい揮発性有機塩素化合物が原液の状態で溜まる深さは帯水層の下端付近で，水よりも比重の小さい石油系炭化水素は帯水層の直上付近となります。これらの物質は，難分解性ではありますが，土壌中や地下水中で生物学的あるいは化学的に分解することが分かっています。地下水から 1,2-ジクロロエチレン，1,1-ジクロロエチレンやクロロエチレンが検出されることがありますが，これらは土壌・地下水中でテトラクロロエチレン，トリクロロエチレン，1,1,1-トリクロロエタンなどが微生物により分解された分解生成物である場合がほとんどです。

1,4-ジオキサンは，土壌への吸着性はほとんどなく，水と完全に混和する性質を持っています。そのため，土壌中の間隙水に混和するとともに，降雨による浸透水や地下水に拡散し，それらとともに広がるという汚染機構であると推察されています。

鉱油類である燃料油や潤滑油は，原油の蒸留による分留物を分別・加工・精製した生成物で，蒸留精製したときの沸点の違いによりガソリン，灯油，軽油，重油などに分類されています。燃料油や潤滑油はいずれも数百から千種類以上の石油系炭化水素からなる混合物であり，鉱油類による地下水汚染の特徴は前述した石油系炭化水素による地下水汚染と同様です。鉱油類のうち，低沸点の成分には好気性微生物（増殖に酸素を利用する微生物）により分解されやすく，揮発性も高い物質が多く，土壌中や地下水中における滞留時間の違いによって汚染物質である鉱油類の成分構成に変化が生じるという特徴も有しています。

農薬類や肥料類による地下水汚染

水田や畑で使用される農薬類や肥料類は農業生産のための生産材であり，個々の水田や畑で使用される量としてはわずかです。しかしながら，農薬類や肥料類が使用される面積は大きく，全体としての使用量は多くなるため，広域的な地下水汚染につながっているケースが多く見られます。

地下水汚染を引き起こす農薬類には，溶媒や絶縁体などとして使用されたり非意図的に生成されたりするポリ塩化ビフェニル（PCB）や，他の POPs 条約（残留性有機汚染物質に関するストックホルム条約）の規制対象物質も含まれます。

肥料成分による地下水汚染として顕著なものに硝酸性窒素や亜硝酸性窒素によるものがあります（Q37 参照）。

参考文献　1) 環境省水・大気環境局土壌環境課（2018）：ダイオキシン類汚染土壌に起因する地下水経由での摂取による影響に係る技術的留意事項. 9p.

地下水汚染はどうして起こるのですか？

Question 34

Answerer　中島　誠

地下水汚染は，有害物質または有害物質を含む水や溶液が帯水層（Q1 参照）に達するか，帯水層中の土壌などから地下水中に溶出することにより起こります。地下水汚染の原因としては，人為的な要因のほかに，自然的な要因も考えられます。

人為的な要因による地下水汚染の発生

人為的な要因による地下水汚染の代表的なものとしては，工場や事業場における施設の破損や不適切な取り扱いによって地上や地下で漏洩《ろうえい》した有害物質や有害物質を含む液体が地下に浸透し，帯水層まで到達したことにより起きるものがあります（**図 34–1**）。また，産業廃棄物処分場の跡地から漏出した有害物質や有害物質を含む液体，あるいは大気中から降下したばい煙から雨水浸透した水などに溶出した有害物質を含む液体が下方に浸透し，帯水層まで到達したことにより起きるものもあります。

このように，土壌中に侵入した有害物質や有害物質を含む液体が直接帯水層まで浸透して地下水汚染を引き起こすこともありますが，土壌中に侵入した有害物質が土壌に吸着されて土壌汚染を引き起こし，汚染された土壌から有害物質が降雨浸透した水などに徐々に溶出して帯水層まで浸透し，間接的に地下水汚染を引き起こすこともあります。

ここで挙げたような工場や事業場の操業に由来する地下水汚染は，重金属類，揮発性有機化合物，石油系炭化水素および鉱油類について多く起きており，汚染源が局所的であることから点源汚染といいます。

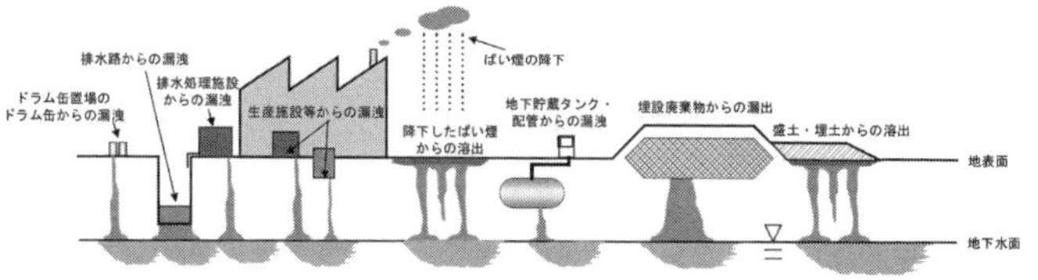

図 34-1　地下水汚染を引き起こす主な人為的原因

地下水汚染を引き起こす人為的要因には，他にも，農業生産のための農薬や肥料の過剰な使用，生活排水の地下浸透，家畜排せつ物の不適正処理などがあります。

肥料や農薬については，農用地などにおける農業生産に不可欠なものですが，過剰に供給された分が帯水層まで浸透し，地下水汚染を引き起こします。個々の水田や畑で使用される肥料や農薬の量はわずかであっても，使用される面積が大きいため，全体としての量は多く，広域的な地下水汚染を招く可能性があります。このような地下水汚染は，汚染源が面的な広がりを持っていることから，面源汚染あるいはノンポイント汚染といいます。

硝酸性窒素や亜硝酸性窒素，病原性微生物類による地下水汚染では，地下浸透した生活排水や肥料として用いられたし尿，不適正処理された家畜排せつ物が原因であることがあります。硝酸性窒素および亜硝酸性窒素による地下水汚染の原因については，Q37 もご覧ください。

自然的な要因による地下水汚染の発生

自然的な要因としては，岩石や土壌にもともと微量元素（固体 1 kg あたり 100mg 以下の状態で微量に存在する元素）として含まれている重金属類が降雨により浸透してきた水に溶出して帯水層まで浸透する現象や，帯水層中の土壌から地下水に溶出してくる現象があります。自然的要因により土壌に含まれ

表 34-1　地殻と岩石に含まれる微量元素（重金属類）の平均含有量[1,2,3]

元素	地殻	超塩基性岩	玄武岩	花崗閃緑岩	花崗岩	砂岩	頁岩	石灰岩
カドミウム	0.2	0.13	0.2	0.2	0.2	0.05	0.2	0.1
鉛	12.5	0.1	5	15	20	7	20	8
クロム	100	2,000	200	20	4	35	100	10
砒素	1.8	1	2	2	1.5	1	15	2.5
水銀	0.08	0.012	0.08	0.08	0.08	0.03	0.5	0.05
セレン	0.05	−	0.05	−	0.05	0.05	0.6	0.08
ふっ素	625	100	4,000	−	735	270	740	330
ほう素	10	5	5	20	15	35	100	10
銅	55	10	100	30	10	30	50	15
マンガン	950	1,300	2,200	1,200	500	460	850	1,100
亜鉛	70	50	100	60	40	16	100	25

（単位：mg/kg）

る重金属類は，大半が**表 34-1** に示したような岩石母材から供給されており，他に海水，化石燃料の燃焼物，火山噴出物などからも供給されています。

我が国で判明している地下水汚染の原因

我が国で 2017 年度までに自治体が把握している地下水環境基準項目についての地下水汚染事例[4]は 7516 件あり，そのうちの 4478 件（60％）で汚染原因が特定または推定されています。

揮発性有機化合物については，1326 件中 1256 件（95％）が工場・事業場に由来するものですが，重金属等は 1362 件中 1148 件（84％）が自然的要因によるものとなっています。硝酸性窒素および亜硝酸性窒素は 1696 件中 1584 件（93％）が過剰な施肥によるもので，生活排水の地下浸透や家畜排せつ物の不適正処理によるものもそれぞれ 698 件（41％），681 件（40％）と続いています。

参考文献
1) 岩田進午・喜田大三（1997）: 土の環境圏. フジ・テクノシステム, 1388p.
2) Bowen, H.J.（浅見輝男・茅野充男訳）（1983）: 環境無機化学, 博友社, 386p.
3) Plant,J.A and Raiswell,R.（1983）: Principles of environmental geochemistry. (Thornton,I. eds. “Applied Environmental Geochemistry” Academic Press, Harcpurt BraceJovanovich Publishers), 1-39.
4) 環境省水・大気環境局（2018）: 平成 29 年度地下水質測定結果. 96p.

地下水が汚染されるとなぜいけないのですか？

Question 35

Answerer 中島　誠

人が生活する環境に出てきている湧水はともかく，地下にある水が汚染されていても人の生活や環境には何も影響はないではないかと思う人もいるかもしれません。しかしながら，そうではありません。地下水は様々な用途に使われていますし，水循環を構成する一つの要素として湧水，河川，湖沼あるいは海へ流れ出て行きます（Q1参照）。そのため，地下水や湧水が汚染されると，人の健康や生活環境あるいは生態系に悪影響を及ぼすことがあります。ここでは，人の健康への影響について取り上げます。

地下水中の化学物質による人の健康への影響

汚染された地下水や湧水を人が摂取し続けることにより，健康被害が生じることがあります。

我が国で地下水汚染により人の健康被害が生じた事例としては，2003年に発覚した茨城県神栖町（現・神栖市）の有機砒《ひ》素《そ》（ジフェニルアルシン酸）による地下水汚染があります。この事例では，井戸水を飲用していた住民に神経症状（手足のしびれやふるえ，立ちくらみやふらつきなど）が生じました。

海外に目を移すと，例えば，アメリカでは地下水汚染による健康被害がこれまでに多く発生しています。1980年にスーパーファンド法（包括的環境対処補償責任法）が制定されるきっかけとなったニューヨーク州ナイアガラフォールズ市ラブカナル地区の土壌・地下水汚染では，化学会社が水路に投棄した化学廃棄物からベンゼン，トルエン，テトラクロロエチレン，ダイオキシン類，BHC（ベンゼンヘキサクロリド）など数多くの化学物質が漏出して土壌や地下水が汚染され，住民の流産や死産の発生率の増加などが発生しました。

映画で取り上げられた事例もあります。1999年に公開された「シビル・アクション」と2000年に公開された「エリン・ブロコビッチ」では，工場排水の垂れ流しにより汚染された地下水を飲用したことによる住民の健康被害を受けて，その原因となった企業を訴える弁護士や環境活動家の活躍が実話に基づいて描かれました。前者の舞台となったマサチューセッツ州ウォーバーンのトリクロロエチレンなどの溶剤による地下水汚染では，地域住民に急性リンパ性白血病が集団発生しました。また，後者の舞台となったカリフォルニア州ヒンクリーの六価クロムによる地下水汚染では，地域住民に肝臓，心臓，呼吸器，生殖器の障害や脳がん，腎臓がん，乳がん，子宮がん，胃腸がんが発生し，流産が多発しました。

これらの事例のように，汚染された地下水を長期にわたって飲み続けることで，健康被害が生じることがあります。

表35-1は，地下水の水質汚濁に係る環境基準（地下水環境基準）の基準項目となっている化学物質について，主な用途と毒性を示したものです。

地下水汚染による健康被害は，汚染原因が自然由来であったとしても起こることがあります。代表的な例としては，1990年代から2000年代にかけてバングラデシュで確認された地下水の砒素汚染による地域住民の健康被害があります。地層中から溶出してきた砒素で汚染された地下水を井戸水として飲用している地域住民に色素沈着などの慢性砒素中毒の症状が多く出

表 35-1　地下水環境基準項目である物質の主な用途と毒性

物質名	主な用途※1	主な毒性※2
ジクロロメタン	脱脂洗浄，冷媒，発泡剤	肺炎，肝障害， 発がん性の疑い（IARC：2A）
四塩化炭素	原料・溶剤 （オゾン層保護のため製造・使用禁止）	意識喪失，慢性脳障害， 発がん性の可能性あり（IARC：2B）
クロロエチレン	ポリ塩化ビニルや塩化ビニルデンの原料	発がん性あり（IARC：1）
1,2-ジクロロエタン	樹脂原料，塩化ビニルモノマーの原料	肺炎・肝障害， 発がん性の可能性あり（IARC：2B）
1,1-ジクロロエチレン	ポリ塩化ビニルデンの原料	肺炎，肝障害，変異原性
1,2-ジクロロエチレン	溶剤	意識低下，皮膚脱脂
1,1,1-トリクロロエタン	金属洗浄剤 （オゾン層保護のため製造・使用禁止）	呼吸困難，意識喪失，肝障害
1,1,2-トリクロロエタン	溶剤，塩化ビニルデンの原料	肝腎障害
トリクロロエチレン	脱脂洗浄溶剤	神経障害，肝腎障害，変異原性， 発がん性あり（IARC：1）
テトラクロロエチレン	ドライクリーニング溶剤，脱脂	肝臓・腎臓への影響， 発がん性の疑い（IARC：2A）
1,3-ジクロロプロペン	土壌燻蒸剤，殺線虫剤	皮膚・気道刺激， 発がん性の可能性あり（IARC：2B）
1,4-ジオキサン	溶剤，安定剤，試薬	発がん性の可能性あり（IARC：2B）
カドミウム	メッキ，合金，電池，ブラウン管	嘔吐，めまい，腎不全， 発がん性あり（IARC：1）
全シアン	アクリル樹脂，染料，殺鼠剤の原料	呼吸麻痺，失神，痙攣
鉛	鉛管，蓄電池，ハンダ，活字	嘔吐，下痢，感覚障害， 発がん性の可能性あり（IARC：2B）
六価クロム	合金材料，メッキ，皮なめし	嘔吐，下痢，肝炎， 発がん性あり（IARC：1）
砒素	半導体，合金，防腐剤，原料	嘔吐，下痢，黒皮症， 発がん性あり（IARC：1）
総水銀	乾電池，寒暖計，農薬，アマルガム	手指の震え，腎障害
アルキル水銀	農薬（製造中止），防腐剤	知覚言語障害，運動障害
セレン	整流器，太陽電池，複写機感光剤	嘔吐，胃腸障害，貧血
ふっ素	アルミ精錬，ガラス製造，鉄鋼	呼吸器障害，歯骨への影響
ほう素	医薬品，電気メッキ，釉薬	嘔吐，神経障害，下痢
PCB	トランス油・コンデンサー （製造・使用禁止）	手足のしびれ，肝臓障害， 発がん性あり（IARC：1）
チウラム	硫黄殺菌剤，ゴム製造	頭痛，咳，肝肺への影響
シマジン	除草剤	頭痛，神経障害
チオベンカルブ	除草剤	急性毒性あり
硝酸性窒素及び亜硝酸性窒素	−	メトヘモグロビン血症

※1　環境省[1)] による。
※2　発がん性以外の症状は，環境省[1)] に 1,4-ジオキサンを加筆。
※3　発がん性は，国際がん研究機関（IARC）の発がん性の分類（1，2A，2B）による（2020 年 1 月 6 日調べ）[2)]。

ていることが確認されました。

地下水中の病原性微生物類による人の健康への影響

地下水汚染による人の健康被害には，病原性微生物類によるものもあります。病原性微生物類（微生物（細菌），原虫，ウイルス）は，上水道が普及するまでは我が国の地下水汚染の主な原因であり，1970 年頃までは赤痢，腸チフス，コレラ，A 型肝炎などの水系疾患の事例が報告されていました[3･4)]。上水道の普及により，病原性微生物類による地下水汚染の事例は激減しましたが，それ以降も下水や汚水に混じって井戸水に混入した病原性大腸菌，ノロウイルス，クリプトスポリジウムなどによる健康被害が後を絶っていないのが現状です[5)]。

参考文献

1) 環境省環境管理局水環境部（2004）：地下水をきれいにするために（地下水パンフレット）．65.
2) IARC（2020）：Agents Classified by the IARC Monographs, Volumes 1-125. https://monographs.iarc.fr/agents-classified-by-the-iarc/（2020 年 1 月 6 日）
3) 田瀬則雄（1988）：地下水汚染(2)　日本における地下水汚染の事例と発生の背景．地下水学会誌，**30**(2)，103-108.
4) 田瀬則雄（2006）：その他の物質（ほう素，ふっ素，POPs など）による汚染．日本地下水学会編，地下水・土壌汚染の基礎から応用―汚染物質の動態と調査・対策技術―，理工図書，253-263.
5) 山田俊郎・秋葉道宏（2007）：最近 10 年間の水を介した健康被害事例．保健医療科学，**56**(1)，16-23.

地下水汚染が起きたらどうやってきれいにするのですか？

Question 36

Answerer 中島　誠

地下水汚染が起きた場合，汚染された地下水をきれいにするにはどうすればよいでしょうか。地下水をきれいにするためには，地下水にそれ以上有害物質が供給されないようにすることと，既に汚染された地下水をきれいにすることの両方が必要になります。

有害物質がさらに地下水に供給されないようするための方法

地下水への有害物質の供給を止めるには，まず，地下に有害物質が供給されるのを止める必要があります。地下への供給の原因が有害物質を扱う施設の破損であれば破損箇所を補修することが，不適切な取扱いによりこぼしたのであれば取り扱い方法を改善し再発を防止することが，そのための方策となります。さらには，万が一の事態も想定し，有害物質が漏洩《ろうえい》したとしても地下には浸透しないような施設の材質や構造にして，破損等がないことを定期的に点検することが，今後の地下水汚染の発生を未然防止する上で有効です。

また，既に地下に浸透し土壌中に存在する有害物質がある場合は，土壌中の有害物質が浸透してきた雨水などに溶出し，帯水層まで浸透するのを止める必要があるため，土壌汚染対策の実施が必要になります。その方法としては，**表 36-1** に示すような方法があります。

掘削除去した汚染土壌については，熱処理（抽出，分解），洗浄処理（抽出），化学処理（分解）または生物処理（分解）などにより汚染のない状態にして清浄な土壌として再利用したり，埋立処理施設に埋め立てたり，セメント製造の材料として

表 36-1　地下水汚染源対策（土壌汚染対策）の方法

方法名	概要
掘削除去	汚染土壌を掘削し除去する方法。掘削除去した土壌中の汚染物質は，地上にて処理（分離・抽出，分解）する。
原位置土壌浄化	地中に土壌があるままの状態で，土壌中の汚染物質を分離・抽出または分解する方法。分離・抽出した汚染物質は地上にて処理（回収，分解）する。
封じ込め	汚染土壌を一般環境（周囲の土壌・地下水）から隔離し，汚染された土壌や地下水が周囲に拡散しないようにする方法。
不溶化	汚染土壌に各種薬剤を混合し，汚染物質が土壌から溶出しないようにする方法。

利用したりします。

原位置土壌浄化の方法には，土壌から有害物質を物理的に抽出する方法（土壌ガス吸引，地下水揚水，エアースパージング，原位置土壌洗浄，原位置土壌加熱抽出），酸化剤や還元剤を与えて土壌中の有害物質を化学的に分解する方法（原位置化学分解），栄養剤や分解微生物を与えて土壌中の有害物質を微生物により生物学的に分解する方法（原位置バイオレメディエーション），植物を植えて土壌中の有害物質を抽出（吸収）したり毛根域の微生物で分解したりする方法（ファイトレメディエーション）などがあり，数多くの技術が実用化されています。実際の汚染現場においては，汚染物質の特性や現場の地質，地下水などの状況，土壌汚染状況などを考慮し，現場の状況に合った適切な方法および技術を選択して用いることになります。

既に汚染された地下水をきれいにする方法

汚染された地下水を浄化してきれいにする方法には，**表 36-2** に示すように，地下水揚水処理と原位置地下水浄化があります。

原位置地下水浄化では，帯水層内の土壌から有害物質を物理的に抽出する方法（地下水揚水，エアースパージング，原位置土壌洗浄）や熱的に抽出する方法（原位置土壌加熱抽出），酸化剤や還元剤を与えて帯水層内の有害物質を化学的に分解する方法（原位置化学分解），栄養剤や浄化対象とする有害物質を分解する微生物を与えて帯水層内の有害物質を微生物の働きにより生物学的に分解する方法（原位置微生物分解，原位置バイオレメディエーション）があります。

また，アメリカなどでは，汚染源付近の高濃度の汚染土壌や汚染地下水を積極的に浄化した後，自然の作用によって地下水中の有害物質の濃度が低下していく自然減衰（ナチュラルアテニュエーション）を利用し，科学的な測定や評価を行った上でその状況を管理していくというモニタード・ナチュラル・アテニュエーション（MNA，科学的自然減衰）も広く行われています。

表 36-2　地下水汚染浄化の方法

方法名	概要
地下水揚水処理	汚染地下水を揚水し除去し処理する方法。揚水した地下水中の汚染物質は，地上にて処理（分離・抽出，分解）する。
原位置地下水浄化	地下水を揚水せずに，汚染された地下水から物理的に汚染物質を分離・抽出したり，汚染された地下水に薬剤や微生物などを与えて化学反応や微生物の働きにより汚染物質を分解したりする方法。

汚染された地下水の拡散を防ぐ方法

地下水汚染は工場や事業場の建物の下で起きていることも多く，汚染源で地下水汚染を浄化することが難しい場合もあります。そのような場合には，地下水汚染が下流側に拡散するのを防止するということも有効です。

地下水汚染の拡散防止策としては，**表 36-3** に示すように，バリア井戸と透過性地下水浄化壁があります。

表 36-3　地下水汚染拡散防止の方法

方法名	概要
バリア井戸	地下水の流れに直行するかたちで列状に揚水井を設置し，上流側から流れてくる汚染地下水をすべて揚水し回収することにより，下流側に地下水汚染を拡大させない方法。揚水した地下水中の汚染物質は，地上にて処理（分離・抽出，分解）する。
透過性地下水浄化壁	地下水中の汚染物質を分解または吸着する反応剤を入れた透水性の高い反応ゾーンを壁状に構築し，自然の流れでその中を通過する汚染地下水中の汚染物質を分解または吸着して除去することにより，下流側に地下水汚染を拡大させない方法。

硝酸性窒素による地下水汚染にはどのような特徴がありますか？

Question 37

Answerer 齋藤 光代

硝酸性窒素とは？

窒素は，地下水や地表水に溶けた状態（溶存態）では主に硝酸イオン（NO_3^-）や亜硝酸イオン（NO_2^-），およびアンモニウムイオン（NH_4^+）などの無機態窒素，あるいは有機態窒素として存在しています。これらのうち，硝酸イオンの形態で存在する窒素を硝酸性窒素（NO_3^-–N）と呼びます。窒素は植物の生育に必要な栄養素の一つであり，農業では窒素を含む肥料がよく使用されます。その一方で，地下水などの飲料水が硝酸性窒素で汚染された場合は，乳児のメトヘモグロビン血症など人の健康に害をもたらす可能性もあります。我が国では，硝酸性窒素および亜硝酸性窒素の地下水環境基準（Q33参照）が10mg/L以下に設定されていますが，近年でも全国の調査地点のうち約３％で基準値を超過していると報告されています[1)]。

汚染はなぜ，どのように起こる？

前述のように，農地で使用される肥料は環境中への窒素の負荷源の一つです。肥料中の窒素は，一般に硫酸アンモニウム（$(NH_4)_2SO_4$，硫安とも呼ばれます）に代表されるようにアンモニウムイオンの形態ですが，農地土壌に散布されたのちに微生物の硝化作用によって亜硝酸イオンから硝酸イオンへと変化します。硝酸イオンは水に溶けやすく，作物の根などから吸収されますが，吸収されなかった余剰分は浸透水とともに地下水まで輸送されます（**図 37-1**）[2)]。したがって，窒素の散布量が作物の吸収量より過剰になると地下水の硝酸性窒素汚染が起こります。作物別にみると，特に茶園や野菜畑，および果樹園において肥料由来の窒素負荷量が大きいとされています[3]。窒素肥料の使用は1900年代のはじめにハーバー・ボッシュ法による人工的なアンモニアの生産が開始されて以降大きく増加し，地下水の硝酸性窒素汚染は1960年代頃からイギリスやアメリカの農業地域で報告され始めました[4]。それ以降，我が国でも，1990年代頃から農業地域を中心に大きく取り上げられるようになりましたが[5]，実際には，既に1960年代には汚染が深刻な地域が存在していたと推測されます[6]。また，この問題は，農地での過剰施肥だけでなく，畜産廃棄物の不適正処理や生活排水の地下浸透によっても起こります[1·7]。

以上のような人間活動に伴う窒素の環境負荷をモデル化した解析によると[8]，地下水の硝酸性窒素濃度は特に関東地方において高くなると推定されており，実際の調査結果においても地下水環境基準を超過している井戸が他地域に比べて多いことが報告されています[1]。

また，地下水が汚染される一方で，地下水中で硝酸性窒素の自然浄化が起こることも明らかになっています。これは主に脱窒という微生物反応によるもので[6]，硝酸性窒素が還元され，亜酸化窒素（N_2O）を経て最終的に無害な窒素ガス（N_2）となることで，地下水中から除去される過程です（**図37‒1**）。地下水は河川や湖沼などの地表水と比べて酸素に乏しいため，脱窒が生じやすいと考えられます。また，この脱窒の強度には，地下水の溶存酸素濃度に加えて，地下水を蓄える帯水層中の有機物や硫化物の含有量，および地下水の流動条件が影響することが指摘されています[9]。

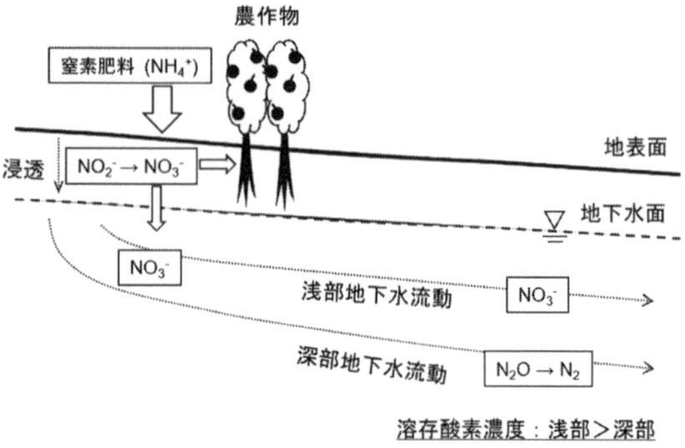

図 37-1　農地を例とした地下水中の窒素動態の模式図
（Slomp and Van Cappellen[2] を参考に作成）

我が国における地下水の硝酸性窒素汚染とその対策事例

1）岐阜県各務原市

各務原市は日本有数のニンジンの産地ですが，1970 年代半ばに畑地帯の地下水が硝酸性窒素で汚染されていることが判明し，広範囲で環境基準値の 3 倍（30mg/L）を超える濃度が確認されました。その後，施肥技術の改善および減肥対策がとられ，1990 年代半ばには汚染が軽減する傾向が認められるようになりました[7]。

2）熊本県熊本地域

熊本市と近隣市町村を含む熊本地域は，約 100 万人の人口の水道水源のほぼ 100% を地下水で賄う一方で，古くから農業や畜産が盛んであり，1970 年代頃から地下水の硝酸性窒素濃度が上昇する傾向が確認されており[10]，その対策として減肥や家畜排せつ物の適正管理・利用，および生活排水処理施設の整備などが進められています[11]。また，近年では，安定同位体や微生物を用いた解析により，硝酸性窒素の起源の同定や地下水中での詳細な脱窒メカニズムの解析も行われています[10]。

参考文献

1) 環境省水・大気環境局（2018）：平成 29 年度地下水質測定結果, 96p.
2) Slomp, C.P. and Van Cappellen, P.（2004）：Nutrient inputs to the coastal ocean through submarine groundwater discharge: controls and potential impact. Journal of Hydrology, **295**, 64-86.
3) 西尾道徳（2001）：作物種類別の施肥窒素負荷量に基づく地下水の硝酸性窒素汚染リスクの評価手法．日本土壌肥料学雑誌，**72**(4)，522-528.
4) Burt, T.P., Heathwaite, A.L. and Trudgill, S.T.（1993）：Nitrate; processes, patterns and management. John Wiley & Sons, 456p.
5) 鶴巻道二(1992)：浅層地下水の硝酸態窒素．地下水学会誌, **34**(3), 153-162.
6) 田瀬則雄（2014)：環境中の窒素の流れと地下水の硝酸性窒素汚染．畜産環境情報，**54**，1-14.
7) 寺尾 宏（2003）：地下水・土壌汚染 10. 硝酸性窒素の浄化対策．地下水学会誌，**45**(3)，335-344.
8) 新藤純子・岡本勝男・郭 一令・戸田任重・川西琢也・田中恒夫・川島博之（2004）：流域窒素循環モデルを用いた東アジアの窒素負荷の現状と環境影響の評価．地球環境，**9**(1)，93-99.
9) 齋藤光代・小野寺真一（2011）：地下水流動は脱窒過程の制御要因か？―現状と今後の課題―．日本水文科学会誌，**41**(3)，91-101.
10) 細野高啓・林 殷田・アルバレス・ケリー・森村 茂・曾 祥勇・森 康二・田原康博・松永 緑・ホセイン・シャハダット・嶋田 純（2015）：地下水硝酸汚染研究における最新のトレンドと今後の方向性：熊本地域の事例を通して．地下水学会誌，**57**(4)，439-465.
11) 八木信一・武村勝寛（2015）：地下水保全をめぐるガバナンスの動態―熊本地域を事例として―．水利科学，**58**(6)，1-27.

2004年の新潟県中越地震（M6.8）に伴う液状化の影響で抜け上がったマンホール（新潟県小千谷市）

防災井戸の例（愛媛県西条市）

災害応急用井戸の存在を周辺住民に知らせる看板の例（愛知県名古屋市）

Section 6

気候変動・災害と地下水

地球温暖化が進むと地下水や湧水に影響はあるのですか？

Question 38

Answerer 宮越 昭暢・谷口 真人

地球温暖化の進行

20 世紀半ば以降，地球規模で気温や海水温が大きく上昇しており，地球温暖化が進んでいます。この主な要因は，人間活動による温室効果ガスの増加である可能性が極めて高く，今後も増加が続くと，地球の平均気温はさらに上昇すると予想されています。「国連気候変動に関する政府間パネル（IPCC）」の第 5 次評価報告書では，21 世紀末の平均気温は，温室効果ガスの排出量が最も少なく抑えられたシナリオ（仮定）でも 0.3～1.7℃，最も多いシナリオでは最大 4.8℃上昇すると予測されており，地球温暖化が進むと気候変動や海面上昇などが自然環境や私たちの生活により大きな影響を及ぼす可能性が指摘されています[1)]。

地下水・湧水への影響

地球温暖化の影響は，水温の上昇などとして湧水を含む地下水に確認されることが国内外の研究で報告されていますが[2·3)]，環境問題として十分に認識されているとは言えません。これは，河川や湖沼などの地表水と異なり，地下水の変化は直接見えないことや，地下水は地表水よりも格段に滞留時間が長いという特徴により，温暖化の影響が顕在化するまでに長い時間が必要なので，現時点での変化は相対的に小さく目立ちにくいことなどが理由として考えられます。

ただし，今後，さらに地球温暖化が進むと，地下水はこれまで以上に影響を受けるでしょう。量の減少や，水質・水温の変化など，地域によっては水資源として利用することが難しくなることも考えられます。

地球温暖化による気候変動は様々な影響をもたらします。例えば気温上昇により蒸発散量が増えます。また，極端な降水や，渇水の発生頻度が増えると予想されています。地表水が減少するため，結果として渇水時でも利用可能な水資源である地下水の重要性がさらに増し，現在よりも地下水の需要が増えると考えられています。地下水の過剰な利用は，水位低下や水質悪化などの問題を引き起こします（Q39 参照）。

さらに，雪は貯留や地下水への涵養《かんよう》効果が大きいため水資源として重要ですが，地球温暖化の影響を強く受けると予想されており，積雪量の減少は地表水だけでなく，涵養量の減少として地下水にも影響します（Q9 参照）。また，海面上昇による塩水侵入の影響も見逃せません。世界の大都市の多くは海岸に面した低平地にあり，地下水は重要な水資源です。海面上昇と地下水利用の増加が併せて生じた場合は，塩水侵入の影響と地下水資源の減少が大きくなる可能性があります（Q6 参照）。

このように，地球温暖化が進むと地下水は様々な影響を受けると予想されますが，影響の大きさについて具体的なことは現段階ではよく分かっていません。これは数値モデルの計算により予測されますが，計算に必要な将来の気温や降水量などは，社会や経済の将来像などの様々な仮定に関係しており，不確実性が高いためです。また，地下水の変化が社会や経済に影響を与えることも考えられますから，これらの相互影響を明らかにすることが非常に難しいのです。

地球温暖化と都市化の複合影響と地下温暖化

過去の気候変化の影響が地下に伝播して，地下水を含む地下の温度（地下温度）を長期に変化させていることが世界的に知られています[2･3)]。地球温暖化は地下温度を長期に上昇させ，地下温暖化が生じています。また，都市部で観測された地下温度には，特に顕著な温度上昇が認められています。都市部の気温上昇の主な要因は，産業活動や社会活動に伴う排熱であり地球温暖化とは異なりますが，都市周辺を含めて多くの地域の地下温度は，地球温暖化と都市化の複合影響を受けていると考えられます。

埼玉県川口市内の観測井で 2000 年以降に測定された地下温度データ（**図 38-1**，地下温度プロファイル）には，深度 80m 以浅に温度上昇が認められています[4)]。また，2008～2015 年に実施されたモニタリング結果には，深度 30，40m で 0.01～0.02℃ / 年程度の上昇傾向が確認されています[4)]。これら地下温度の上昇は，一日や一年間の気温変化の影響ではなく，主に過去数十年の地球温暖化と都市化の複合影響により広域的に生じている地下温暖化であると考えられます。地下水温は気温と比較して一年間の変化が小さく，夏は冷たく，冬は温かく感じられることが地下水の魅力の一つとして挙げられますが，実際の地下水温は人間活動の影響によって確実に上昇していることが示されています。

地球温暖化が進むと，地下水の保全と管理がさらに重要になります。目で見えない地下水を観察するためには井戸が必要です。国内の多くの地域には，国や地方自治体などにより観測井が設置されており，地下水位の観測や地盤沈下の防止に活躍しています（Q12参照）。観測井は，例えば**図38-1**で示した地下温度プロファイルなど，様々な地下水データの精度の良い観測に大変役立ちます。地球温暖化の進行による地下水の変化は複雑ですが，観測井の施設や蓄積されてきたデータの活用は，環境変化の把握と効果的な対応に資すると期待できます。また，継続した観測と必要な人材の育成や，地球規模の環境変化に対応するための国際連携の推進もさらに重要となるでしょう。

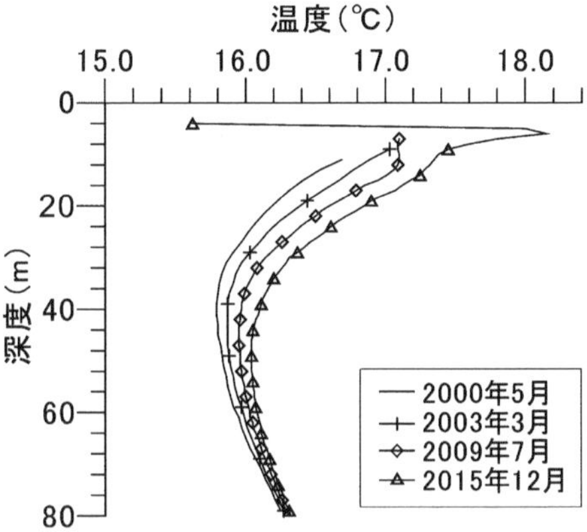

図 38-1　地下温度プロファイルの経年変化に認められた温度上昇の例[4]

参考文献
1）気象庁（2015）：IPCC 第 5 次評価報告書　第 1 作業部会報告書 技術要約　気象庁訳，https://www.data.jma.go.jp/cpdinfo/ipcc/ar5/index.html（2019 年 12 月閲覧）
2）佐倉保夫（2000）：気候変化に伴う地下の熱環境変化，陸水学会誌，**61**(1)，35-49.
3）谷口真人（2005）：気候変動と地下水，地下水学会誌，**47**(1)，5-17.
4）宮越昭暢・林 武司・濱元栄起・八戸昭一（2018）：埼玉県南東部における地下温度の長期観測結果に認められた地下温暖化とその成因，地下水学会誌，**60**(4)，495-510.

地盤沈下は地下水と関係しているのですか？

Question 39

Answerer 愛知 正温

地面が比較的広い範囲にわたって沈むことを地盤沈下と言います。その原因やメカニズムは様々で，地下水と関係が深いものもあれば，あまり関係がないものもあります。ここでは，代表的な地盤沈下のメカニズムを紹介します。

地下水の汲み上げすぎによる地盤沈下

堆積平野の地盤は，主に，砂や粘土などの微粒子である固体の部分と，それらの隙間に存在する地下水から成り立っています。安定している地盤の中では，地盤の重量，固体部分が地盤を支える力，地下水の圧力の三者のバランスがとれています。しかし，地下水を汲み上げすぎると地下水の圧力が低下するため，このバランスが崩れて，地盤内の隙間が潰れてしまいます（**図 39–1**）。そのため地盤の体積が減ってしまい，結果的に地盤沈下につながるのです。特に粘土はシート状の鉱物が組み合わさった構造になっているため，大きく変形しやすく，さらに一度隙間が潰れてしまうと，その後地下水が増えてきても元の形に戻りにくいという性質があります（**図 39–1**）。

1960 年代の高度経済成長期に公害の一つとして問題となった地盤沈下は，このメカニズムによるものです。現在は，工業用水法やビル用水法（**Q46 参照**）などの厳しい規制によって地下水の汲み上げは制限されており，都市域での地盤沈下は止まりました。一方で，農業用地下水利用や融雪用地下水利用が多い地域では，一部で現在でも地盤沈下が続いています。

なお，同じ原理で，地下の岩盤の隙間に埋蔵されている石油や天然ガスなどを取り出した場合にも，地盤沈下が発生するこ

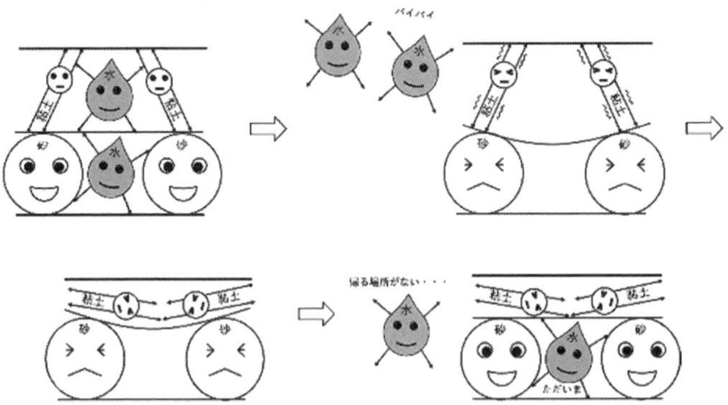

図 39-1　地下水が隙間から失われることによる地盤沈下のメカニズム

とがあります。

重量オーバー／地盤強度不足による地盤沈下

地盤の上に重い構造物が作られた場合，最初のうちは，地下水の圧力が上昇して，バランスをとろうとします。しかし，時

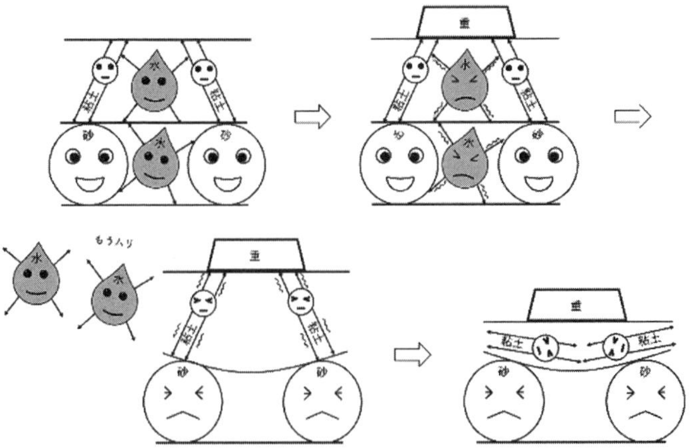

図 39-2　重量オーバー／地盤強度不足による地盤沈下のメカニズム

間が経つと，その地下水は周辺に向かって流れ出してしまい，次第に圧力が低下していきます。そのため，最終的にはバランスが崩れ，地盤内の隙間が潰れて地盤沈下につながります（**図39–2**）。このようなケースは沿岸の埋立地や，内陸の谷を埋めた造成地，盛り土などの上に，家屋や工場，空港などの構造物を建築したときに発生することがあります。

地下空洞の崩落による地盤沈下

地下には，様々な空洞があります。石灰岩が溶出してできた鍾乳洞や，石炭や鉱物資源などを採取したあとに残った坑道，地下水路，トンネルなどです。これらの空洞は，時とともに風化や浸食が進んで強度が低下し，崩落することがあります（**図39–3**）。その影響が地表面まで伝わると，地表面の陥没につながります。空洞の風化や浸食のプロセスでは，地下水への鉱物の溶解や，地下水中の化学反応，微生物活動などが関係していることもあります。

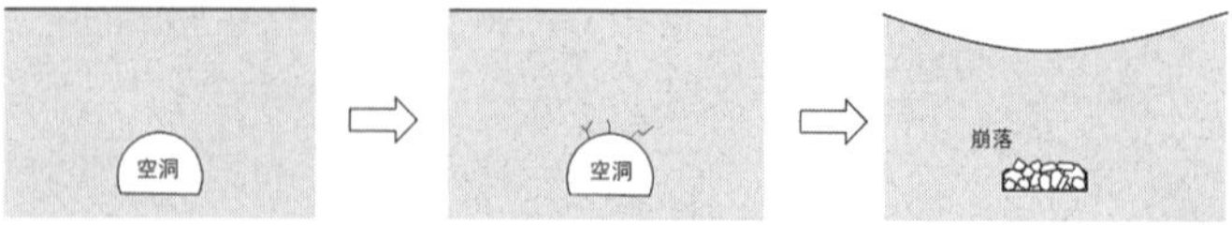

図 39-3　空洞の崩落による地盤沈下のメカニズム

地殻の変動による地盤沈下

プレートテクトニクスにより，地殻は絶えずゆっくりと移動しながら，同時に変形しています。巨大地震のときには，それが一気に元に戻ろうとして大きく動き，場所によっては地盤沈下が発生することがあります。2011 年 3 月 11 日の東北地方太平洋沖地震では，このメカニズムによる地盤沈下が広範囲で発生しました。

その他の地盤沈下

そのほかにも地盤沈下が発生するメカニズムはあります。例えば，乾燥した地盤で発生することがある「飽和コラプス」という現象があります。比較的乾いた土壌では，わずかに残った水の表面張力により地盤の粒子同士が強く結びつけられることで，構造を保っています。そこに，多くの水が供給されると，隙間が水で満たされてしまい，その結果，表面張力が働かなくなってしまい，構造が壊れて地盤が沈下します（**図 39-4**）。身近な現象としては，砂の城や泥団子が，水に濡れると急激にもろくなって崩れてしまうことがありますが，それと同じメカニズムです。

ほかには，地震によって発生する地盤の液状化があります。液状化した場合にも，もともとの地盤内の土の構造が破壊されてしまうため，地盤沈下につながります。

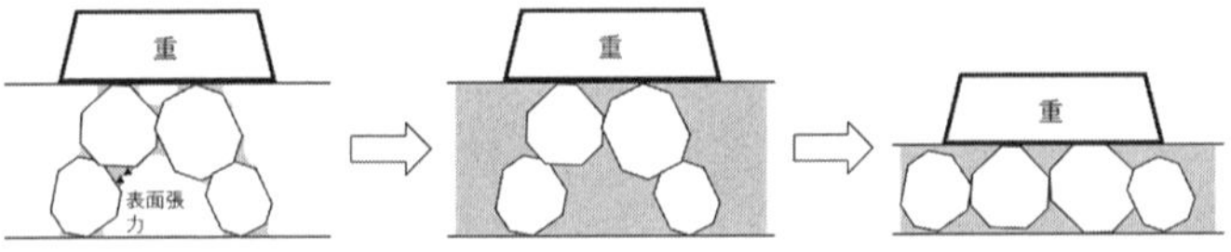

図 39-4　飽和コラプスのメカニズム

地下水位が上がって駅が浮き上がったって本当ですか？

Question 40

Answerer 浦越 拓野

駅の浮き上がり

海上の船には浮力が働くように，地下に建設された駅にも地下水からの浮力が働くことがあります。そのため，地下駅はあらかじめ地下水による浮力を受けても大丈夫なように設計，建設されています。しかし，想定より大きな浮力が発生すると，駅の浮き上がりや変形につながる可能性があります。

これまで，実際に大雨による急激な地下水位の上昇により，駅が浮き上がった例や，数十年の間に徐々に周囲の地下水位が上昇して駅の浮き上がりの可能性が生じたために対策をとった例があります。

大雨による急激な地下水位上昇に起因する例

1991 年 10 月，台風 21 号による大雨の際に，JR 武蔵野線の新小平駅が，最大で 1.3m 浮き上がりました[1]。そのほか，線路の水没や駅の壁の損傷が生じ，列車の運転が中止になりました。

新小平駅は，地面を掘り下げて作られた駅です（**図 40-1**）。新小平駅の高さには，地下水を通しやすい武蔵野礫《れき》層と呼ばれる地層があります。そのため，大雨に伴って主に武蔵野礫層の地下水位が上昇し，駅に働く浮力が大きくなったため，駅の浮き上がりが発生したと考えられています。

浮き上がりへの対策として，船を海上に泊める場合にアンカー（いかり）を下ろして停泊するように，駅をグラウンドアンカーと呼ばれるシステムで地面に固定する工事が実施されました。また，地下水位が上昇した場合に水圧によって壁が傾く

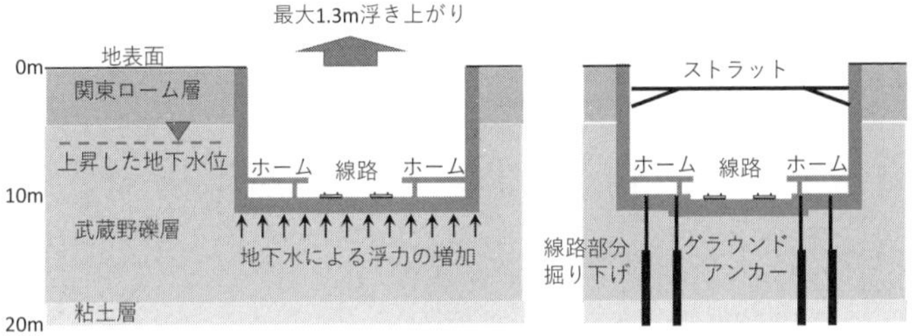

(a) 浮き上がり　　(b) 対策

図 40-1　新小平駅の浮き上がりと対策のイメージ

ことへの対策として，ストラットと呼ばれるつっかえ棒が施工されました。これらの対策の結果，約２カ月後に列車の運転が再開され，それ以降，新小平駅で浮き上がりは発生していません。

経年的な地下水位上昇に起因する例

東京都では過去に地盤沈下が問題となりました。この地盤沈下の原因の一つに，地下水の過剰な汲み上げがありました。そこで，法律や条例により，地下水の汲み上げを制限する「地下水揚水規制」がなされました（Q45, Q46参照）。この結果，地盤沈下の進行が沈静化するとともに，数十年の間で徐々に地下水位が上昇してきました（**図 40-2**）。

東京駅を通る総武快速線や上野駅を通る東北新幹線は，駅が地下に建設されています。これらの地下駅は，東京都の地下水位が低い頃に建設されており，その当時の地下水位で発生する浮力に十分に耐えられるように設計されていました。しかしながら，地下駅の建設後，地下水の揚水規制により周辺の地下水位が上昇してきたことで，地下水の浮力により駅が浮き上がる可能性や，駅の床が損傷する可能性が生じてきました。

これらのうち上野地下駅の状況を**図 40-3** に示します[3]。設

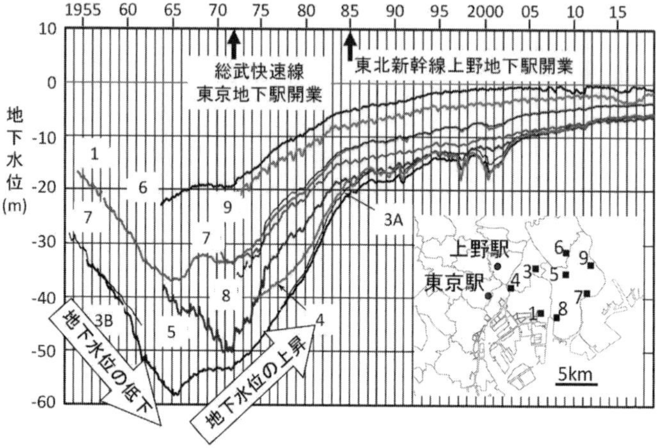

図 40-2　東京都心部の地下水位の変化
平成 30 年地盤沈下調査報告書[2] に加筆

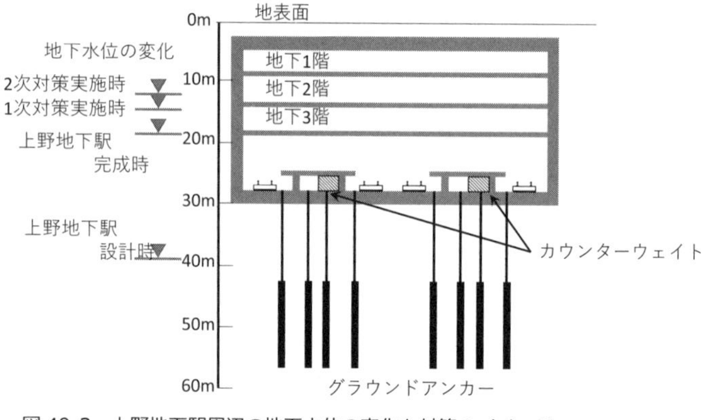

図 40-3　上野地下駅周辺の地下水位の変化と対策のイメージ

計時には地下 38m の深さに地下水位がありましたが，完成時には地下水位が地下 18m の位置まで上昇していました。その後も地下水位が上昇したため，1995 年に 1 次対策として，鉄の錘《おもり》（カウンターウェイト）を置いて駅を重くする対策がとられました。この際に設置された錘は3万7000tに達します。また，地下水位が急激に上昇した場合に地下水を汲み上げるための井戸が設置されました。その後も地下水位が上昇したため，2004年には2次対策として，グラウンドアンカーで駅を地面に固定する対策がとられました。同様に，東京地下駅でも，グラウンドアンカーによる対策がなされています。これらの対策により，いずれの地下駅も，安全に利用できています。

参考文献
1）東日本旅客鉄道株式会社東京工事事務所（1992）：武蔵野線新小平駅災害復旧工事誌
2）東京都土木技術支援・人材育成センター（2019）：平成30年地盤沈下調査報告書
3）久須美賢一・小池健司・保野聡裕（2005）：地下水位の上昇から地下駅を守る―東北新幹線　上野地下駅―．トンネルと地下，**36**(8)，33-40.

地震が起こると地下水や湧水に影響はありますか？

Question 41

Answerer 細野 高啓

地震と地下水

地震時における地下水や湧水への影響は，突然，泉の水が枯れるなど，奇妙な現象として古くはローマ時代にまで遡《さかのぼ》って記録が残されています。20 世紀に入り地震計や水位計などの観測網が発達すると，それらの実態についてより科学的な知見が蓄積されようになりました[1)]。ここでは，地震による地下水システムの変化についてこれまで分かっている代表的な原因について簡単に紹介します。

弾性変形と水位変化

帯水層にかかる圧力は，プレート運動にかかわる地殻変動や地震発生によって随時変化します。このような外力により物体内部に働く抵抗力を応力といいますが，こうした応力の変化があっても，ものの状態が元に戻る性質のことを弾性といいます。地震時の帯水層の変形がこの弾性変形に相当する場合，被圧帯水層（**Q1 参照**）が圧縮されると帯水層中の間隙水圧が上昇するため地下水位は上昇し，逆に伸長されると間隙水圧が減少するので地下水位は低下することになります（**図 41-1**）。こうした地殻の体積歪変化に応じた地下水位の変化は，半世紀ほど前に日本人の研究者によって発見されました。プレート運動による応力の変化は広範に及びます。地下水位の変化は感度の良い井戸では震央から数百 km 離れた場所でも捉えることができます（**Q42 参照**）。

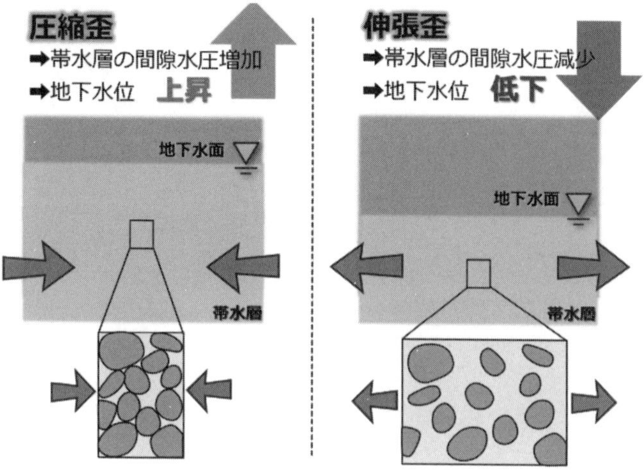

図 41-1 弾性変形に伴う地下水位変化の仕組み

山体地下水の解放

巨大地震は，透水性（水の通しやすさ）など，しばしば帯水層の水理地質構造に大きな変化を及ぼします。地震動による透水性増加の影響は，実際地表の現象として確認することができます。例えば，相対的に標高の高い場所では池水や湧水の枯れとして，一方，低標高地の山麓などでは水量増加や新たな水流の発生として観察されます[2)]（**図 41-2**）。同現象は，1995 年阪神・淡路大震災や 1999 年台湾大地震，2016 年熊本地震時にも確認されています。

不飽和帯中の水の落下

不飽和帯土壌（**Q1 参照**）の保水力は震動により低下するため，地震発生時に土壌水が帯水層へと落下し，結果的に地下水位を上昇させる可能性が指摘されています（**図 41-2**）。この現象は化学物質の移動を追跡することで立証されています。しか

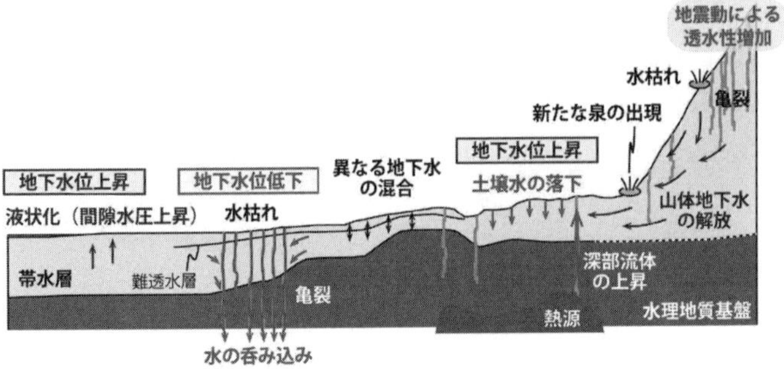

図 41-2　地震発生に伴う地下水システムの変化を示した概念図

し，水位変動にどの程度影響を与えるかについてまではまだよく分かっていません。

深部流体の寄与

地震をきっかけに，地下深部に存在する流体（深部流体）が地殻深部の構造的な破壊面を通じて地表浅所にまで湧昇する現象が確認されています（**図 41–2**）。高温高圧条件におかれている深部流体が，地震断層などの新たな流路の発生を通じて，より低温低圧の地表に上昇することは普遍的な現象といえます。本現象は，日本のみならずイタリア中部ならびにアイスランド北部など火山地域を中心に世界中で報告されています。

地下深部への水の呑み込み現象

地震によって発生した地盤の割れ目に沿って，地表水と地下水を含むすべての水が地殻深部にまで瞬時に呑み込まれるという驚くべき現象が（**図 41–2**），2016 年熊本地震に伴う水位変動解析から世界で初めて明らかにされました[3)]。熊本地震では，本震発生から 35 分以内に最大 4.74m の地下水低下が記録されました。これは観光地として有名な熊本市内にある水前寺成趣園の湧水池が突然枯れた原因ともなり，大きな注目を集めました。

異なる帯水層地下水の混合

扇状地に発達する帯水層には，その堆積層序の特徴に応じてしばしば粘土層など水を通しにくい層が挟在《きょうざい》します（**図 41-2**）。この難透水層を挟んで上部と下部の帯水層はそれぞれ異なる水圧条件におかれています。ところが，地震破壊によって難透水層の遮蔽《しゃへい》効果が失われると，地下水は水圧が高い帯水層から低い帯水層（もしくは地表）へと移動することになり，それぞれの地下水位が変化するといった現象が指摘されています。

以上に挙げた現象の他に，液状化によっても地下水位は変化することが一般に知られています。

地震による地下水流動の変化は，水質変化の原因となります。最近では，地震は地下に生息する微小動物の多様性や帯水層中の微生物菌叢の特徴をも大きく変化させることが分かってきました。地下水や地下空間の利用が進む私たちの生活において，災害時に想定される地下環境の変化について詳しく把握しておくことは重要といえるでしょう。

参考文献
1) Wang, C.-Y. and Manga, M. (2009) : Earthquakes and Water. Springer, 225p.
2) Hosono,T., Yamada,C., Manga,M., Wang,C.-Y., Tanimizu,M. (2020): Stable isotopes show that earthquakes enhance permeability and release water from mountains. Nature Communications, **11**, 2776.
3) Hosono, T., Yamada, C., Shibata, T., Tawara, Y., Wang, C.-Y., Manga, M., Rahman, A.T.M.S. and Shimada, J. (2019) : Coseismic groundwater drawdown along crustal ruptures during the 2016 Mw 7.0 Kumamoto earthquake. Water Resources Research, **55**, 5891-5903.

地下水や湧水の異常は地震や噴火が起こる前触れであるって本当ですか？

Question 42

Answerer 小泉 尚嗣

地震・火山噴火前の地下水・湧水変化の要因

地震や火山噴火の前には，地盤が伸び縮みしたり，傾いたり，上下に動くことがあるとされています（このような現象を地殻変動といいます)。その結果，地下水や湧水が変化することはあり得ることです。火山周辺地域では，マグマ上昇に伴う熱水活動の変化で地下水や湧水が影響を受けることもあります。しかしながら，地下水や湧水は，降水や揚水（人工的な地下水の汲み上げ）あるいは大規模な土木工事の影響を，より強く受けます。以下に示すように，地震や火山噴火前の，科学的に信頼できる地下水位の変化はせいぜい数十 cm であるのに対し，降水・揚水や土木工事による地下水位変化は 1 ～数十 m に達することもあるからです。

地盤の伸縮による地下水変化

地盤は，海の満ち引きと同じように月や太陽の引力でほんの少し伸び縮みしています。これは地球潮汐《ちょうせき》と呼ばれる現象で，元の大きさの 1 億分の 1 ～ 1 千万分の 1 程度の体積が半日～ 1 日で増減します。このごくわずかな体積変化に対して，深い地下水の水位が数 mm ～数 cm 変化するケースがあるのです。深い地下水というのは，水を通しにくい層（難透水層）に挟まれた帯水層を流れる地下水（被圧地下水）や岩盤の割れ目を流れる地下水（裂罅水《れっかすい》）であることが多く，そのような水は，地層や岩盤のわずかな伸縮に対して大きく水圧を変化させるためこのような現象が生じると考えられています。逆に，浅い地下水は難透水層に挟まれていない不圧地下水なので帯水層中を自

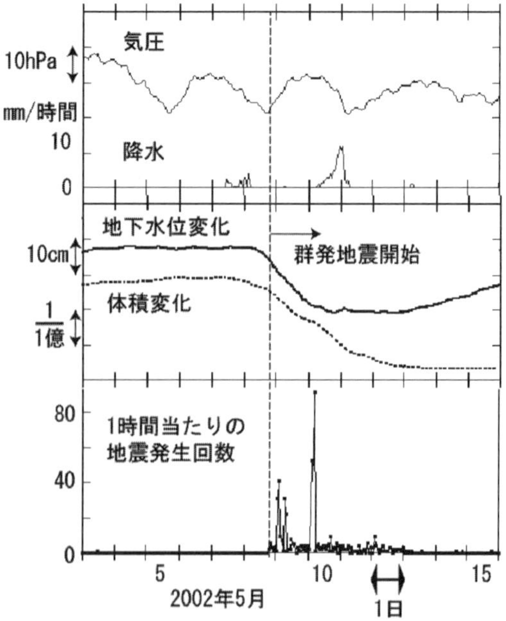

図42-1　2002年5月の伊豆半島東方沖群発地震前後の井戸水位変化と地殻変動[1]
井戸は群発地震の場所から約10kmの距離にあり，体積変化の測定場所は，群発地震の場所から約20km離れている。

由に移動してしまうことが多く，このような変化は起きにくいのです。以下で示す例は，いずれも深さが100m以上の地下水の変化です。

伊豆東方沖群発地震前の地下水異常

図42-1は，2002年の5月に発生した伊豆半島東方沖の群発地震前の井戸における水位と地盤の体積変化を示したものです[1]。群発地震は5月8日の20時頃から始まっていますが，その十数時間前から，地下水位の低下と体積減少が始まってい

ることが分かります。この現象は，地下深部からのマグマの貫入→地殻変動（地下水位の変化）→地震発生というメカニズムで説明できます。ただし，地震前の変化は数 cm と小さなものであることにも注意してください。

御嶽山噴火前の地下水圧低下

図 42-2 は，御嶽山で 2007 年 3 月下旬頃にあった小規模な噴火の前に観測された地下水圧変化（観測井戸は火口から約 10km のところ，井戸は密閉されていて測定された地下水圧を水位に換算）と地殻変動（火口を挟んだ約 36km の距離の伸縮）を示したものです[2)]。噴火前に，地下水圧が約 20cm 低下し，上記の距離が 1 cm ほど伸びています。地盤のわずかな伸縮が大きな地下水圧変化になっていることが分かると思います。最近の御嶽山の噴火としては，2014 年の噴火（死者・行方不明者：約 60 名）の方が知られていますが，噴火直前の地下水圧変化は 2014 年の噴火では検出できませんでした。噴火前の地殻変動が 2014 年より 2007 年の方が大きかったためだと考えられています。

ここでは近代的な観測によって，地震や火山噴火前の地下水変化が確認された例を紹介しました。上記からも分かるように，地震や火山噴火の前の地下水の変化は決して大きくはありません。また，（信頼できる）地震前の地下水変化については，同時に地殻変動も観測されています。地下水や湧水に大きな変化があったときは，まずは，降水や揚水・土木工事といった要因を疑いましょう。それらの影響がないと分かったときに初めて，

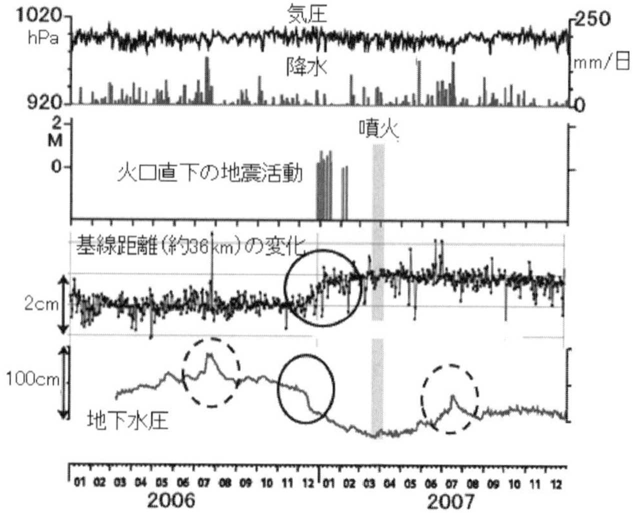

図42-2　2007年3月の御嶽山噴火前後の地下水圧・地殻変動と火口直下の地震活動
実線の丸で囲んだ部分が噴火前の変化。点線の丸で囲んだ部分は降水による変化。噴火前に火口直下の地震活動が活発になっていることも分かる[2)]。

地震や火山噴火との関係を考えるべきです。そのときも地下水だけで判断せず，地震や地殻変動のデータと比較検討することが重要です。

参考文献
1) Koizumi, N., Kitagawa, Y., Matsumoto, N., Takahashi, M., Sato, T., Kamigaichi, O., and Nakamura, K. (2004) : Pre-seismic groundwater level changes induced by crustal deformations related to earthquake swarms off the east coast of Izu Peninsula, Japan, Geophysical Research Letters, **31**, L10606, DOI:10.1029/2004GL019557.
2) Koizumi,N., Sato, T., Kitagawa, Y. and Ochi, T. (2016) : Groundwater pressure changes and crustal deformation before and after the 2007 and 2014 eruptions of Mt. Ontake, Earth Planets and Space, **68**, DOI:10.1186/s40623-016-0420-6.

崩壊や地すべりの発生に地下水は関係しているのですか？

Question 43

Answerer　中谷　仁

豪雨発生時やその直後，あるいは積雪地域における融雪時（雪が溶ける時期）に，大規模な崩壊や地すべりが多発している事例が数多く報告されています。ここでは，このような現象と地下水との関わりについて簡単に紹介します。

崩壊と地すべり

崩壊や地すべりは，いずれも斜面における最も身近な土砂災害として知られています。

日本地すべり学会では，海外で使用されている「Landslide」と同じ意味で地すべりを「斜面を構成する物質が斜面下方へ塊の状態で運動する現象」[1] と定義し，急傾斜地の崩壊・土石流・落石なども含め，斜面を構成する物質の移動現象を総括した意味で使用しています。

また，法律面から見ると，日本では 1958 年（昭和 33 年）に制定された地すべり等防止法により「地すべりとは，土地の一部が地下水等に起因してすべる現象又はこれに伴って移動する現象をいう」と定義されています。このため，我が国では「地すべり」の用語は，主に学術・研究の領域で斜面における土砂移動現象を総括した意味の「広義の地すべり」と，主に行政の災害対策等で地下水と関係した地質物質のすべり移動現象に重点が置かれた「狭義の地すべり」の二つの定義が存在します。

いずれにしても，斜面で発生する崩壊や地すべりという現象は，斜面を構成している地質（土塊）が，斜面下方へ塊のまま移動する現象を意味しています。「崩壊」・「山崩れ」・「崖崩れ」

表 43-1　地すべりと斜面崩壊の違い
（一般社団法人斜面防災対策技術協会・ホームページより）

	地すべり	崩壊
1）地質	特定の地質または地質構造のところに多く発生する。	地質との関係は少ない。
2）土質	主として粘性土をすべり面として滑動する。	砂質土（マサ，ヨナ，シラスなど）のなかでも多く起こる。
3）地形	5～20°の緩傾斜地に多く発生する。地すべりに特有の地形を示すことが多い。	20°以上の急傾斜地の0次谷，谷頭部に多く発生する。
4）活動状況	継続性，再発性，時間依存性大。	突発性があり，時間依存性少。
5）移動速度	0.01mm/day～10mm/dayのものが多く，一般に速度は小さい。	10mm/day以上で速度は極めて大きい。
6）土塊	土塊の乱れは少なく，原型を保ちつつ動く場合が多い。	土塊はかく乱される。
7）誘因	地下水による影響が大きい。	降雨，とくに降雨強度に影響される。
8）規模	1～100haで大規模なものもある。	面積的規模が小さい。
9）徴候	大きく変動する前に亀裂の発生，陥没，隆起，地下水の変動などの微候が生ずる。	発生前の徴候がなく，突発的に滑落してしまう。

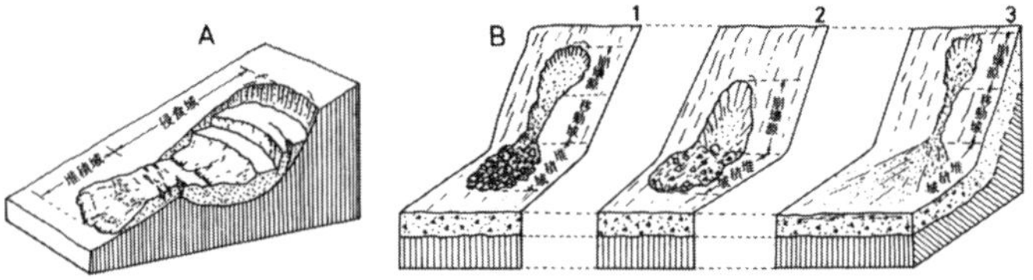

A：地すべり地形　　　B：崩壊地形
（Bの1～2は一時的な崩壊で，1は移動域を伴う場合，2は移動域を伴わない場合，3は繰り返しの崩壊により，崩壊地を拡大する崩壊の場合）

図 43-1　地すべり地形と崩壊地形の模式図[2)]

などは降雨や地震などの影響により土の抵抗力が弱まることで，急激に斜面が崩れ落ちる現象として特徴づけられ，「地すべり」は斜面の土塊が地下水などの影響により，上部の移動部と下部の不動部の境界であるすべり面に沿ってゆっくりと斜面下方へ滑動する現象として特徴づけられます（**表 43-1**，**図 43-1**）。

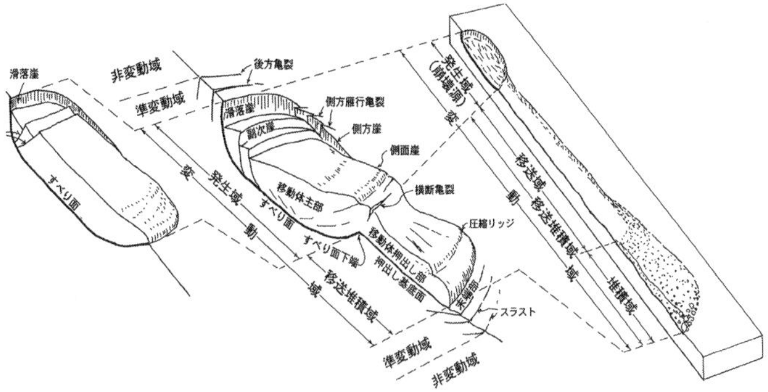

b：小変位の並進すべり　c：中変位の並進すべり　d：大変位の並進すべり
から流動へ

図 43-2　地すべりの概念図[1)]

崩壊や地すべりが発生する要因

崩壊や地すべりは，斜面が何らかの要因により不安定化するために発生します。斜面における不安定化現象の大部分は，「すべり」を伴う破壊現象です。このような破壊現象が起こる要因として「土のせん断破壊」というメカニズム（機構）が考えられています。

土のせん断破壊とは，土壌がハサミで切られるように破壊されることで，この破壊に至る斜面の不安定化の要因として，長期的な観点からは，風化に伴う土の強度の低下や，侵食・堆積による斜面の傾斜にかかる重量配分の変化といった項目が挙げられます。一方，短期的な観点からは，地震発生に伴う斜面にかかる力の増加や，地下水位の上昇に伴う急激な強度の低下が，土のせん断破壊を引き起こし，崩壊や地すべりの発生に至ると考えられています（**図 43-2**）。

崩壊や地すべりの発生に至る間隙水圧の増加

一般に，斜面の土塊は，斜面に対し下向きに働く力とこれに抵抗する力が釣り合った状態にあるため安定した状態が保たれています。ところが地下水の作用により，このバランスが失われることがあります。この地下水の作用については，①雨による浸透力の発生や土塊重量の増加，②すべり面付近の地下水の水圧（間隙水圧）の増加，③すべり面付近の土壌に含まれる水分量（含水比）の増加，④地盤の風化や侵蝕，といった事項が指摘されています。特に②すべり面付近の間隙水圧の増加の原因として，降雨や融雪水の地下浸透や，地震時における振動に伴う一時的な地下水の水圧上昇などが考えられています（Q41 参照）。

したがって，崩壊や地すべりの発生には，地下水の存在が大きく関与していると考えられています。

参考文献
1) 日本地すべり学会　地すべりに関する地形地質用語委員会編（2004）：地すべり―地形地質的認識と用語―，3-45.
2) 町田洋，古谷尊彦，中村三郎，守屋以智雄（1987）：日本の巨大山地崩壊．昭和 61 年度文部省科学研究費自然災害特別研究(1)，177-182.

災害があったときに井戸があると役立つって本当ですか？

Question 44

Answerer 遠藤 崇浩・宮越 昭暢

繰り返す災害と断水問題

我が国は2011年の東日本大震災や2019年の台風被害など大きな災害に見舞われてきました。災害が起きると停電や水道施設の破損などによりしばしば断水が起こります。こんなとき井戸の存在は役に立つのでしょうか？　その答えは「井戸は役立つが万能ではない」だと考えます。

様々な代替水源

水は日常品の中でも重さあたりの単価が非常に安く，大量に遠方へと運ぶことは経済的に引き合いません[1]。皆さんの家につながる水道施設はそうした性質を持つ水を大量にしかも良質のまま届けてくれるもので，その恩恵は計り知れません。1995年の阪神・淡路大震災は水道のありがたみを深く実感させる出来事でした。この地震では大勢の人が一瞬のうちに水道，電気，ガスといった生活の基本機能が使えない状態に陥《おちい》りました。

現在，将来の地震に備えて水道施設の耐震工事が行われています。しかし2017年度末時点で主要な水道管のうち耐震性のある管路の割合は39.3％と完成にはまだ時間がかかります[2]。

そこで水道施設が使えなくなった備えとして，注目を集めているのが地下水です。地下水は日本各地に存在し，適切な利用であれば汲み上げても雨などで涵養《かんよう》され，しかも足元直下にあります。これは地表水を利用した水道システムとは対照的です。一般に水道水は山奥のダムや河川から遠路はるばる運ばれてくるため，地震などで輸送管が壊れてしまうと利用できません。

井戸を掘ることにより利用できる地下水はそうした輸送中断リスクが少ないという長所を持っています。

災害用井戸

災害用井戸は非常時の飲用水や生活用水（トイレ・洗濯など）を地下水で賄うもので，防災井戸とも言われます。通常，災害時に断水が起こると自治体等が給水車を出動させます。しかし給水車の台数が限られている，道路が損傷すると実行困難になる，高齢化に伴い給水所からの水運搬に困難をきたす人が増えている等の新たな課題が生じています。災害用井戸のねらいは地域の井戸－特に企業や個人宅の民間井戸－を活用し，行政の給水活動を補完することです。

震災後の水需要は様々な推計値がありますが，まずは「飲料用」が必要となり（最低２～３L/日），その後，簡単な炊事，洗濯，トイレなどの「生活用」と，水の確保が課題になるにつれてより多くの水が必要となります[3]。住民視点にたてば，近隣井戸の活用は水源を分散化させ水へのアクセスを容易にするものです。自治体の視点にたてば，たとえその水が飲料用に不適切で生活用の用途に限定されるとしても，それだけ行政の給水負担が緩和されるというメリットがあります。

災害用井戸の有用性

行政の給水負担問題が災害用井戸の導入につながった事例として熊本市が挙げられます。過去に断水経験はおろか給水制限の経験もなかったのですが，2016年４月に起きた熊本地震で突如大規模な断水に見舞われました。

熊本市は市内約 74 万人の水道水源をすべて地下水に依存する珍しい都市です。ただ地下水に依存しているといっても，上下水道局が地下水を汲み上げ，水道管を通して各家庭に供給しています。そのため地震で水道管が寸断されてしまい断水が生じたのです。熊本市は応急給水を開始しましたが，発災当初，給水車へ水を充填する拠点が上下水道局所有の水源井戸 1 カ所（健軍水源地）のみだったため，給水車が渋滞を起こし，各地への給水車派遣に大きな支障が生じました。この事例は災害時には遠くの水源よりも近くの水源が役立ちますが，水源数が限定されるとやはり給水の足かせになることを示しています。熊本市はこのときの反省を生かし 2017 年から「災害時協力企業井戸」を開始し水源の分散化に努めています[4)]。また民間企業の取り組みとして地元の銀行が支店敷地内等に独自に防災井戸の設置を進め，利活用に関する協定を自治体と締結した事例があります。

熊本市もその一例ですが，他の政令指定都市に目を向けると，札幌，仙台，横浜，名古屋，京都なども災害対応の基本計画である市町村地域防災計画において災害用井戸の整備に言及しています。

災害用井戸の限界

熊本市の事例は災害用井戸の有用性を示唆するものですが，それは万能ではありません。例えば地下水を電動ポンプで汲み出している井戸は停電時に使えなくなります。あるいは汲み上げる量によっては地下水位の著しい低下や地盤沈下などの地下水環境問題が生じるおそれも否定できません。さらに地下水さえあれば災害時の水の必要量をすべて賄い切れると言い切ることも無理があります。そこで水道耐震化を進めつつ，家庭で水を備蓄する，雨水を貯めておく，地元のプールの水を活用するといったように，利用できそうな水源は先入観なしにできるだけ幅広く確保しておくことが重要です。水道施設の耐震化と地下水の活用の優劣は重要ではなく，非常時における水の安定供給こそが真の課題なのです。

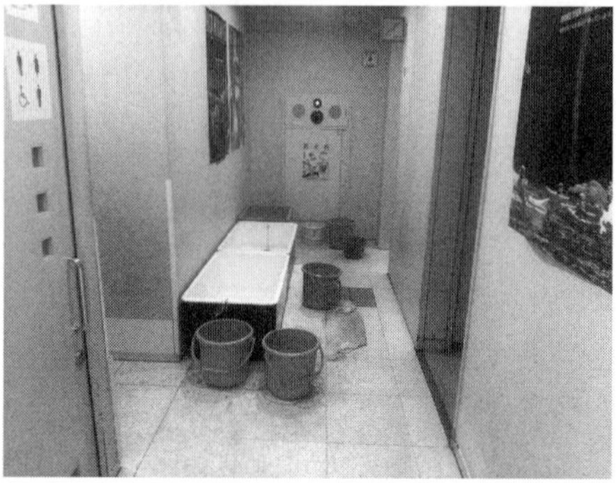

図 44-1　北海道胆振東部地震後のトイレ断水状況
（2018 年 9 月 7 日北海道小樽港にて筆者撮影）

参考文献
1）沖 大幹（2012）：水危機　ほんとうの話．新潮社．
2）厚生労働省医薬・生活衛生局水道課（2019）：水道事業における耐震化の状況（平成 29 年度）．
3）岡田誠之（2013）：震災時の水使用用途の水量と水質．公益社団法人空気調和・衛生工学会編，新版災害時の水利用　飲める水・使える水．丸善出版，61-69．
4）熊本市環境局への聞き取り調査（2019 年 2 月 19 日に実施）

御清水と本日の地下水位の表示板（福井県大野市）［昭和の名水百選］
大野市では，地下水を守る取組みの一つとして，市内のいたるところに毎日測定された地下水位が「本日の地下水位」として表示され，基準水位を下回ったときに注意報や警報が発令されている

Section 7 地下水・湧水に関わる法制度

地下水に関する法律にはどのようなものがありますか？

Question 45

Answerer 千葉 知世

地下水利用の規制

戦後に深刻化した地盤沈下への対策として，工業用の地下水採取を規制する「工業用水法」（1956 年）と，建築物用の採取を規制する「建築物用地下水の採取の規制に関する法律」（「ビル用水法」，1962 年）が制定されました。

二つを合わせて「用水二法」と呼びます（Q46 参照）。この呼称に表れているように，いずれも主目的は用水の供給確保であり，規制対象は地盤沈下被害が特に深刻な地域に限定されています。

地下水質の保護に関する法律

地下水の質を保護するための法律としては，水質汚濁防止法（「水濁法」，1970 年）があります。水濁法が制定される前は「旧水質二法」（1958 年）がありましたが，水域や業種を個別指定して規制する方式であり，公害の未然防止には不十分でした。そのため 1970 年の「公害国会」で廃止され，代わりにあらゆる「公水」の汚染防止を目的とする水濁法が制定されたのです。水濁法では，1989 年の改正において，地下水汚染の監視と結果の公表，有害物質を含む特定地下浸透水の浸透規制，都道府県知事による地下水質の常時監視等が定められました。その後も改正により規制が強化されています。

また，2003 年には，工場跡地等の再開発に伴い重金属類や揮発性有機化合物による土壌汚染が顕在化したことを背景に，「土壌汚染対策法」（「土対法」）が制定されました。これらに加え，環境法の最上位に位置する環境基本法（第 16 条）においても地下水質にかかる基準が定められています（**Q48参照**）。一方，地下水量に関する基準はなく，全国に適用される地下水利用規制も存在しません。地下水の「量」と「質」は，法律の上では異なる扱いをされてきたと言って良いでしょう。

ばらばらな管理体系

地下水の一部でありながら，地下水一般とは異なる法体系の下にある水も存在します。例えば温泉は地下から湧出する水ですが，温泉法（1948年）が適用されます。また，可燃性天然ガスを含む地下水を採取するときには鉱業法（1950年）が関わってきます。いずれも地下水利用のうち特殊な一部を対象とするものであり，一般的な地下水利用規制とは切り離されています。

河川水と地下水は，水循環として一体をなしています。しかしながら，法律上の扱いは全く異なります。河川法は，「河川の流水は，私権の目的となることができない」（第２条第２項）とし，河川の流水を占用しようとする者は河川管理者の許可を受けなければならない（第23条）と定めています。つまり，河川水は公物であり，私的財産ではありません。一方で，地下水は長らく私的所有権の下におかれると解釈されてきました。これは，明治29年に大審院で出された「地下水利用権は土地所有権に附従し，土地所有者は自由に地下水を利用できるもの」とする判例や，土地所有権はその土地の上下に及ぶと定めた民法第207条などを主な根拠としています。こうした河川水と地下水の法律上の扱いの違いは，両者を一体的に管理することの妨げになっていました。

「地下水法」の存在しない日本：これからどうする？

表 45-1 は地下水に関連する主な法律等です。この表から分かるように，我が国には地下水保全を主な目的とする「地下水法」のような法律は存在せず，地下水行政は複数省庁に分割されてきました。1970 〜 1980 年代には地下水保全のための法律を制定しようとする動きが活発化しましたが，省庁間の調整が難航して実現せず，特に地盤沈下被害の著しかった地域についてのみ「地盤沈下防止等対策要綱」を定めることになりました。水行政の縦割りにより，抜本的解決は叶わず，要綱による行政指導に甘んじたと言えます。

その後，水行政の縦割りによる様々な弊害が顕在化する中，健全な水循環の維持・回復に向けた政策を総合的に推進すべく「水循環基本法」が施行されました（2014 年）（Q47 参照）。そこでは地下水を含む水が「国民共有の貴重な財産であり，公共性の高いもの」（第３条の２）とされ，内閣への「水循環政策本部」の設置や，政府による「水循環基本計画」の策定等が定められました。縦割りを打破し，水行政を統合化するための理念と方針を定めた点で画期的な法律と言えるでしょう。ただし，具体的な施策展開や体制整備については今後を待たねばなりません。

その後水循環基本法の制定を受けて，「水循環基本法フォローアップ委員会」が超党派の国会議員で構成される水制度改革議員連盟内に設置され，同委員会を中心に地下水保全法案の

表 45-1　地下水関連の主な国家法と所管省庁

対象	法律名	制定年	地下水に関連する内容	主な所管
水量規制	工業用水法	1956	地盤沈下発生地域の工業用の地下水採取について，過剰採取を規制	環境省 経産省
	ビル用水法	1962	地盤沈下発生地域で，災害のおそれがある地域の建築物用の地下水採取について，過剰採取を規制	環境省
	地盤沈下防止等対策要綱	1985	濃尾平野，筑後・佐賀平野，関東平野北部の 3 地域における過剰採取規制	国交省
水質規制	水質汚濁防止法	1970	公水の汚染防止を目的とした，特定有害物質を排出する特定施設からの地下浸透水に対する規制	環境省
	土壌汚染対策法	2003	水濁法で指定する特定施設が廃止された際等の調査命令・土地所有者に対する汚染除去命令	環境省
全般	環境基本法	1993	地盤沈下含む典型 7 公害の防止と水質基準の設置	環境省
	水循環基本法	2014	健全な水循環の維持と回復を目的とする基本法	内閣府
その他	温泉法	1948	泉源の保護，温泉採取における防災が目的。温泉採掘の都道府県知事許可制	環境省
	土地改良法	1949	農業用水としての地下水利用に関する権利の扱い	農水省
	鉱業法	1950	鉱物資源の合理的開発が目的，可燃性天然ガス採掘を鉱業権を有する者に限定	経産省
	水道法	1957	地下水を含む上水道原水の水質調査と管理など	厚労省
	河川法	1964	治水・利水，流水の正常な機能の維持を目的として河川水を管理	国交省
	水道法	1957	専用水道の工事施工者に対し，施設基準遵守について都道府県知事の確認を受けることを義務付け	厚労省

策定が進められました。結局，同法案の上程はいったん見送られましたが[1]，地下水を取り巻く問題が多様化・複雑化する中，法律としていかに対応していくのかが問われています。

参考文献
1) 三好規正（2016）：地下水の法的性質と保全法制のあり方―「地下水保全法」の制定に向けた課題―．地下水学会誌，**58**(2)，207-216.

用水二法とはどのような法律ですか？

Question 46

Answerer 吉澤 拓也

用水二法とは

用水二法とは，1956 年に制定された「工業用水法」と 1962 年に制定された「建築物用地下水の採取の規制に関する法律（略称：ビル用水法）」の二つの法律のことをいいます。

用水二法制定の背景

我が国では，明治時代以降政府による近代産業の育成に伴って，工業用水としての水需要が急増しました。そして，近代的な掘削技術と揚水ポンプが普及し始めた 1890 年代になると，用水の多くが地下水に求められるようになりました。さらに，私的土地所有権はその土地の地下にも及ぶことが民法第 207 条で定められたため，地下水をその土地の所有者が自由に利用できるようになりました[1)]。

一方で，戦後の高度経済成長期になり，工業用水として地下水の揚水が増大するにつれ，地盤沈下という問題が発生しました。昭和 40 年代には，各地で年間 20cm を超える地盤沈下が認められ，著しい被害が発生するに至りました[2)]。また，地下水揚水の急増は，地盤沈下のみならず，地下水位の低下による地下水の塩水《えんすい》化や，地下水の揚水効率の低下といった問題を生じさせることにもつながりました。

工業用水法について

戦後復興期，産業界から工業用水の安定的確保を望む声が上がり，通商産業省（現・経済産業省）の産業合理化審議会が地下水の適切な利用対策と地盤沈下・塩水化などの防止対策の樹立を内容とする答申を提出したことを受け，1956 年に「工業用水法」が制定されました[1)]。

しかしながら，当初の「工業用水法」は地下水の揚水規制にあまり注力しておらず，地盤沈下が引き続き進行しました。それもあって，1961 年の室戸台風では，大阪市において地盤沈下により低下した状態の土地の 1/3 が冠水するという大きな被害が発生しました。この大きな被害を受けて，経済界は，既に揚水規制を積極的に進めていた大阪市とともに，地盤沈下に対する積極的な対応を政府に働きかけました。その後，大阪市は，他の都道府県に先駆けて工業用水の代替水源を確保するために工業用水道の敷設に着手したほか，1959 年には市条例を制定し，新設井戸の制限などの対策を行いました。一方，政府は上述したような動きを受けて，1962 年に地盤沈下対策を主旨とした「工業用水法」の改正を行いました[1)]。2020 年 4 月現在，工業用水法による指定地域は，宮城県，福島県，埼玉県，千葉県，東京都，神奈川県，愛知県，三重県，大阪府，兵庫県の 10 都府県の一部地域となっています[2)]。これらの指定地域内では，一定規模以上の工業用井戸から地下水を採取する場合，都道府県知事の許可をとる必要があります。

ビル用水法について

政府は，上述した「工業用水法」の改正とともに，同年「建築物用地下水の採取の規制に関する法律（略称：ビル用水法）」を制定しました。「ビル用水法」と「工業用水法」の違いとして，「工業用水法」は代替水源が確保されることを前提として

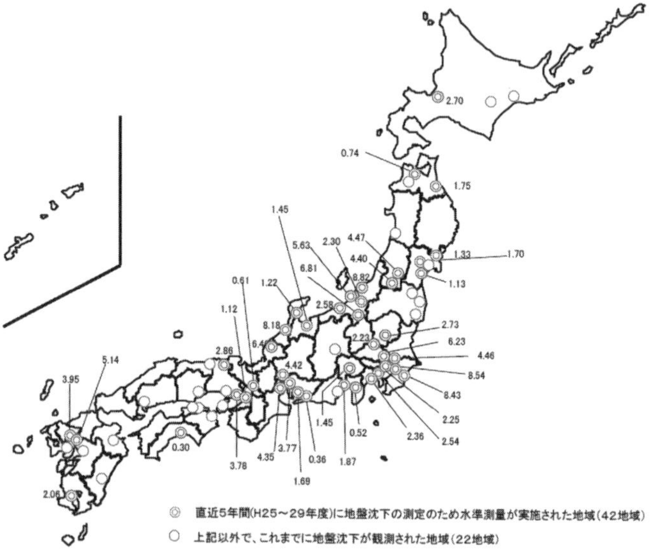

図 46-1　2013 ～ 2017 年度の累積沈下量（cm）[2)]

いるのに対して，「ビル用水法」は代替水源を前提としていないという点が挙げられます。また，地下水の用途が，「工業用水法」では工業用であるのに対して，「ビル用水法」では工業用以外の冷房，暖房，水洗便所，自動車の洗車，公衆浴場用となっている点も違っています[1)]。現在，ビル用水法による指定地域は，大阪府，東京都，埼玉県，千葉県の一部地域となっています。これらの指定地域では，地下水の採取に際して都道府県知事の許可をとる必要があります。

地盤沈下の現状について

このように法律が制定され，規制されてきたにも関わらず，現在までに地盤沈下が認められた主な地域は，39 都道府県 64 地域に及んでいます（**図 46-1**）。現在も地盤沈下が確認される主な地域としては，以下の地域が挙げられます[2)]。

① 千葉県九十九里平野，新潟県新潟平野のように水溶性天然ガス溶存地下水の揚水が多い地域

② 新潟県南魚沼，新潟県高田平野のように冬期の消融雪用としての利用が多い地域

③ 埼玉県関東平野，愛知県濃尾平野のように都市用水としての利用が多い地域

④ 佐賀県筑後・佐賀平野のように灌漑期において農業用水としての利用が多い地域

これらのうち，広域に総合的対策を講ずべき，濃尾平野，筑後・佐賀平野および関東平野北部地域については，1981年（昭和56年）11月地盤沈下防止等対策関係閣僚会議が設置され，それぞれ地盤沈下防止等対策要綱が定められています[2)]。

参考文献
1) 水収支研究グループ編（1998）：地下水資源・環境論．共立出版，40-42．
2) 環境省水・大気環境局（2018）：平成29年度全国の地盤沈下地域の概況．10-18．

水循環基本法は地下水や湧水にどのように関係していますか？

Question 47

Answerer 蛯原 雅之

水循環とは

水循環基本法と地下水や湧水との関係について述べる前に，水循環について簡単に整理します。

私たちの周りの水は，地表水と地下水に分けて取り扱われています。「地表水」とは雨が地表を伝って川や水路を流れたり，ダムや池などに溜まったりしている状態の水を言い，「地下水」とは雨や雪が地面から浸透して土壌の隙間（間隙）に存在している状態の水を言います。地表水と地下水は表裏一体で，地中への浸透や湧出・揚水などにより，場所によって形態を変えながら最終的に海へ流れ着きます。海水の一部は，海面から蒸発して雲となり，陸地で再び雨や雪となり，地表水や地下水となって海へ流れ着く循環を繰り返します。これが「水循環」であり，水循環基本法を理解する上で最も重要かつ基本的な概念になっています。水循環についてはQ1も参照してください。

水循環基本法

地表水や地下水について，これまで，国や地方公共団体では，「上下水道」，「工業用水」，「農業用水」，「洪水対策」，「水環境」などの各分野を所管する部署がそれぞれ個別に施策を検討し，実施してきました。そのため，産業利用のために地下水を過剰に汲み上げて地盤沈下や湧水の消失が生じたり，地下水や河川の上流側での水利用や水質保全の状況によって下流側で利用できる水量・水質に支障が生じたりするなど，各分野あるいは各地区がそれぞれの都合のみを考えて施策を行うと水循環でつながっている地域（流域）全体にとって不利益となる場合もある

表 47-1　水循環基本法の五つの基本理念

項目	内容
1. 水循環の重要性	水については，水循環の過程において，地球上の生命を育み，国民生活及び産業活動に重要な役割を果たしていることを鑑み，健全な水循環の維持又は回復のための取組が積極的に推進されなければならない。
2. 水の公共性	水が国民共有の貴重な財産であり，公共性の高いものであることに鑑み，水については，その適正な利用が行われるとともに，すべての国民がその恵沢を将来にわたって享受できることが確保されていなければならない。
3. 健全な水循環への配慮	水の利用に当たっては，水循環に及ぼす影響が回避され又は最小となり，健全な水循環が維持されるよう配慮されなければならない。
4. 流域の総合的管理	水は，水循環の過程において生じた事象がその後の過程においても影響を及ぼすものであることに鑑み，流域に係る水循環について，流域として総合的かつ一体的に管理されなければならない。
5. 水循環に関する国際的協調	健全な水循環の維持または回復が人類共通の課題であることに鑑み，水循環に関する取組の推進は，国際的協調の下に行われなければならない。

ことが分かってきました。

このような過去の教訓から，「水循環に関する施策を総合的かつ一体的に推進し，もって健全な水循環を維持し，又は回復させ，我が国の経済社会の健全な発展及び国民生活の安定向上に寄与する」ことを目的（第 1 条）とする水循環基本法が，2014 年 4 月 2 日に公布され，同年 7 月 1 日に施行されました。

水循環基本法では，**表 47-1** に示す五つの基本理念の下で国や地方公共団体が取り組むべき基本的施策が明確化され，内閣総理大臣を本部長とする水循環政策本部を中心に，水循環基本計画の策定や分野間の施策調整等が図られることとなりました。

地下水や湧水を守る拠り所としての水循環基本法

地下水は，土地所有者が利用の権限を有するものとされ，敷地内の所有井戸から自由に汲み上げることができますが，あまりに大量に汲み上げた結果，周辺の井戸や湧水を枯渇させたり，地盤沈下などの地下水障害を引き起こしたりすることもありました（Q39 参照）。

この原因の一つに，民法第 207 条「土地の所有権は，法令の制限内において，その土地の上下に及ぶ」により土地所有権と地下水利用が結びつけられて，取水規制をかけにくくなっていたことが挙げられます。現在では，条文中の「法令」には地方議会の制定する条例も含まれるとの見解も出されており，多くの地方公共団体が独自に条例等を制定し，無秩序な地下水の汲み上げを抑制しています。

水循環基本法は，「水が国民共有の貴重な財産であり，公共性の高いもの」（第３条第２項）と定義し，「水の利用に当たっては，水循環に及ぼす影響が回避され又は最小となり，健全な水循環が維持されるよう配慮されなければならない」こと（第３条第３項），国・地方公共団体・事業者・国民等がその責務を有すること（第４～７条）を明示しました。

水の定義が地下水にも適用されると考えれば，これらの条項は，地方公共団体が独自に定めた条例等に対して国が法律という根拠を与え得るものであり，地下水保全や湧水保全に取り組む地方公共団体等にとって水循環基本法が施行されたことは大きな意味を持ちます。

地下水マネジメントと地下水ガバナンス

地下水管理の考え方について，近年，国内では「地下水マネジメント」，世界的には「地下水ガバナンス」をキーワードとして，あるべき姿が盛んに議論されています。

国内では，水循環基本法第 15 条の「水の適正かつ有効な利用の促進等」に関して，水循環基本計画の「水の適正かつ有効な利用の促進等」における「持続可能な地下水の保全と利用の推進」に「地下水マネジメント」の考え方が示され，「地下水マネジメントの手順書」[1] が発行されています。

一方，海外では，市民・企業・非営利組織などを含む多様な利害関係者の参画，法・制度等の枠組み，政策・計画，情報・科学などの幅広い観点により，「地下水ガバナンス」として地下水資源管理が議論されています。

近年では，国内においても，日本版の地下水ガバナンスのあり方が研究されています[2]。水循環基本法の下で策定された水循環基本計画においても，地域の地下水関係者により構成される「地下水協議会」の設置が推奨されており，地下水ガバナンスを体制面から取り入れているとも考えることができます。

参考文献
1) 内閣官房水循環政策本部事務局（2019）：地下水マネジメントの手順書.
2) 田中 正（2020）：地下水学の進展と地下水ガバナンス，地下水学会誌，**62**(2)，（印刷中）

環境基本法は地下水や湧水にどのように関係していますか？

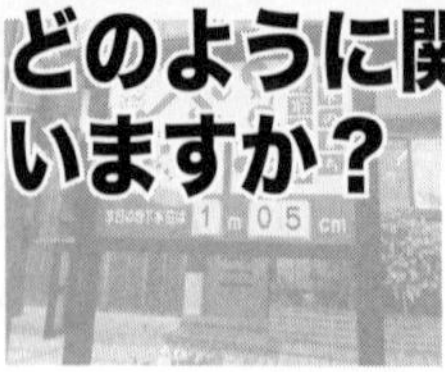

Question 48

Answerer 中島　誠

環境基本法とは

環境基本法は，環境保全に関わる我が国の政策の基本方針や基本的な施策の方向性を定める法律で，1993 年に公布・施行されました。環境基本法ができるまでは公害対策基本法（1967 年公布・施行，1993 年廃止）と自然環境保全法（1972 年公布，1973 年施行）の下で公害対策と自然環境保全に関する施策が行われていましたが，環境基本法ができたことにより，地球環境保全も加えた三つの分野を対象に我が国の環境保全に関する施策が行われるようになりました。環境基本法の下位には，水質汚濁防止法や土壌汚染対策法をはじめ，環境に関わる個別法が数多く定められています。

以下では，環境基本法と地下水の関係について，環境基本法において政府が基本的施策として策定または設定することとなっている環境基本計画と環境基準を取り上げ，説明します。

環境基本計画における地下水や湧水に関わる施策

環境基本計画は，環境基本法に基づき政府全体の環境保全に関する総合的かつ長期的な施策の大綱を定めるもので，これまでに 5 回（1994・2000・2006・2014・2018 年）策定されています。これらの環境基本計画では，地下水や湧水に関わる環境施策として，水環境の保全や土壌・地盤環境の保全が挙げられてきています。

水循環を保全するための施策のうち，地下水や湧水の量に関わるものとしては，流域全体としての健全な水循環を維持・再生するため，①山地部での森林の保全・育成や適切な管理による水源涵養《かんよう》機能の維持・向上，②農村部での水田などを生かした地下水涵養能力の向上，③都市部での雨水浸透施設の整備や透水性舗装の促進などによる地下水涵養機能の向上や地下水利用の抑制など，地域の特性を踏まえた適切な取り組みを行うこととされてきています。また，地下水や湧水の質に関わるものとしては，化学物質による地下水汚染の未然防止や対策のための取り組みを行うこととされています。

土壌環境を保全するための施策としては，水環境などへの影響に配慮し，環境基準などの設定を行って土壌汚染の未然防止と回復および土壌環境の維持を図るため，①有害物質の排水規制や地下浸透規制，ばい煙の排出規制などによる土壌汚染の未然防止の推進，②市街地の土壌汚染対策の推進，③土壌環境に関わる科学的知見の整備，④農用地の土壌汚染対策の促進などを行うこととされています。土壌環境の保全は，地下水や湧水の汚染の原因をなくすという観点から，地下水や湧水の環境保全を考える上で重要です。

地盤環境を保全するための施策としては，地下水位の低下による地盤沈下などの障害を防ぐための取り組みが必要であるとされ，①地下水採取規制や代替水確保などの地下水採取の抑制や，②流域全体を通じて貯留浸透・涵養能力の保全・向上を図ることによる湧水の保全・復活などを行うこととされています。近年では，再生可能エネルギーとしての地中熱利用が増加傾向にあることから，地下水利用のニーズの増加に対応しつつ，地盤沈下を起こさないための採取規制の在り方について検討を行うことも必要とされています。

地下水に関わる環境基準

環境基本法では，大気の汚染，水質の汚濁，土壌の汚染および騒音に係る環境上の条件について，人の健康を保護し，および生活環境を保全する上で維持することが望ましい基準（環境基準）が定められています。これらは環境保全に関わる政策目標といえるものです。

地下水については，1997 年に「地下水の水質汚濁に係る環境基準」（以下「地下水環境基準」）が設定され，その後何度か基準項目の追加・変更や基準値の改正が行われてきました。2022 年 1 月現在，地下水環境基準は 28 項目について設定されています（**表 48-1**）。地下水環境基準の達成については，汚染の原因が専ら自然的原因であると認められる場合を除き，設定後ただちに達成され，維持されるよう努めることとされています。

また，地下水汚染に関わるものとして，1991 年に「土壌の汚染に係る環境基準」（以下「土壌環境基準」）が設定され，その後何度か基準項目の追加・変更や基準値の変更が行われてきました。2022 年 1 月現在，土壌環境基準は溶出基準が 28 項目について，農用地基準が 3 項目についてそれぞれ設定されています（**表 48-1** 欄外）。溶出基準では，カドミウム，鉛，六価クロム，砒《ひ》素《そ》，総水銀，セレン，ふっ素，ほう素の 7 項目について，汚染土壌が地下水面より離れている場合に 3 倍値基準（溶出基準の 3 倍の値）が適用されるようになっています。土壌環境基準の達成については，汚染が専ら自然的原因によることが明らかである場所などを除き，基準に適合しない土壌に

表 48-1　地下水および土壌の環境基準（2022 年 1 月現在）

項目	地下水環境基準※1	土壌環境基準	
		溶出基準	農用地基準（田）
ジクロロメタン	0.02mg/L 以下	0.02mg/L 以下	－
四塩化炭素	0.002mg/L 以下	0.002mg/L 以下	－
クロロエチレン	0.002mg/L 以下	0.002mg/L 以下	－
1,2-ジクロロエタン	0.004mg/L 以下	0.004mg/L 以下	－
1,1-ジクロロエチレン	0.1mg/L 以下	0.1mg/L 以下	－
1,2-ジクロロエチレン	0.04mg/L 以下	0.04mg/L 以下	－
1,1,1-トリクロロエタン	1mg/L 以下	1mg/L 以下	－
1,1,2-トリクロロエタン	0.006mg/L 以下	0.006mg/L 以下	－
トリクロロエチレン	0.01mg/L 以下	0.01mg/L 以下	－
テトラクロロエチレン	0.01mg/L 以下	0.01mg/L 以下	－
1,3-ジクロロプロペン	0.002mg/L 以下	0.002mg/L 以下	－
1,4-ジオキサン	0.05mg/L 以下	0.05mg/L 以下	－
カドミウム	0.003mg/L 以下	0.003mg/L 以下※3	0.4mg/kg 以下（米）
全シアン	検出されないこと※2	検出されないこと※2	－
鉛	0.01mg/L 以下	0.01mg/L 以下※3	－
六価クロム	0.05mg/L 以下※4	0.05mg/L 以下※3	－
砒素	0.01mg/L 以下	0.01mg/L 以下※3	15mg/kg 未満（土壌）
総水銀	0.0005mg/L 以下	0.0005mg/L 以下※3	－
アルキル水銀	検出されないこと※2	検出されないこと※2	－
銅	－	－	125mg/kg 未満（土壌）
セレン	0.01mg/L 以下	0.01mg/L 以下※3	－
ふっ素	0.8mg/L 以下	0.8mg/L 以下※3	－
ほう素	1mg/L 以下	1mg/L 以下※3	－
PCB	検出されないこと※2	検出されないこと※2	－
チウラム	0.006mg/L 以下	0.006mg/L 以下	－
シマジン	0.003mg/L 以下	0.003mg/L 以下	－
チオベンカルブ	0.02mg/L 以下	0.02mg/L 以下	－
有機りん	－	検出されないこと※2	－
硝酸性窒素及び亜硝酸性窒素	10mg/L 以下	－	－

※ 1　基準値は年間平均値とする。ただし，全シアンに係る基準値については，最高値とする。

※ 2　「検出されないこと」とは，定められた測定方法で測定した場合にその測定方法の定量限界を下回ることをいう。

※ 3　汚染土壌が地下水面から離れており，かつ，現状において地下水中の濃度が上記の濃度を超えていない場合には，それぞれ 3 倍の濃度以下とされている。

※ 4　2022 年 4 月 1 日に施行される地下水環境基準の一部改正により，六価クロムの地下水環境基準は「0.02mg/L 以下」に改正されることが決まっている。

ついて汚染の程度や広がり，影響の態様などに応じて可及的速やかにその達成維持に努めることや，早期に環境基準の達成が見込まれない場合にあっては環境影響防止のために必要な措置を講ずることとされています。

地下水や湧水について特徴的な条例はありますか？

Question 49

Answerer 千葉 知世

条例の制定状況と一般的な特徴

そもそも地下水・湧水に関する条例は一般的にどのような特徴があるのでしょうか。日本では，地下水保全管理のための法律が十分に整備されない中，公害対策基本法の制定（1967 年）を背景に地方自治体による条例の制定が進みました。

国土交通省の調査によると，全国 601 の地方公共団体で 740 件の地下水の保全や利用等に関する条例が制定されています（2018 年 8 月時点）[1]。これらの多くは，公害防止条例，環境基本条例，水道水源保護条例等の一部で地下水を扱っています。一方で，地下水保全管理を専門に扱う条例は多くありません。

国土交通省[2] や環境省[3] が網羅した条例の内から表題に「地下水」を含む条例（以下「地下水条例」）のみを抽出してみると，多くの「地下水条例」は水量の側面を扱っていることが分かりました。これは，水質に関しては各種の法律の下で統一的な措置が講じられてきた一方で，水量に関する法律（用水二法等Q46 参照）が適用されている地域は限定的で，それ以外の地域では自治体に対応が任されているからだと考えられます。また，地下水条例は，用水二法に比べて規制対象は広く，規制基準も厳しく，中には地下水採取者に対して地下水保護の措置を求めるものもあります。さらに，地下水涵養《かんよう》，地下水影響工事への対策，災害時の地下水利用といった，重要であるにもかかわらず国家法が存在しない領域をカバーしている条例もあります。以下では，いくつか条例をピックアップして紹介しましょう。

採取規制とセットで講じられる周到な涵養対策

地下水の涵養は，採取規制と車の両輪をなします。公共用地での雨水浸透施設設置など，行政による涵養対策は多くの自治体で導入されていますが，熊本県および熊本市は，地下水採取者に厳格な涵養対策を求めています。具体的には，一定規模以上の地下水採取者に対し，県・市がそれぞれ定める「地下水かん養対策指針」を踏まえて涵養対策に努め，その取組状況を首長に報告するよう求めています。さらに，その内容は首長により公表されます（熊本県条例第 33 条（項番号以下の表記は省略，以下同様），熊本市条例第 14 条）。採取規制との組み合わせによる相乗効果が期待できます。

徹底した汚染者負担：秦野市

地下水汚染が発生した際，迅速に拡大防止・浄化措置をとるためには，発生時の責任所在と対応を明確化しておかねばなりません。その点で目立つのは神奈川県秦野市の地下水保全条例です。この条例では，浄化目標を超える汚染地について，対象物質を使用している（使用していた）事業場の設置者や，対象物質の収集・運搬・処分等に伴って当該汚染を引き起こした者，その他汚染に関係したと市長が認める者が，汚染状態の詳細な調査と浄化措置を行うよう義務付けられています（第 23 条，第 28 条）。これら関係事業者が不明の際には市長が代わりに調査と浄化を実施しますが，後で明らかになった場合は経費を請求できます（第 35 条）。市長が行う調査や浄化の費用，あるいは汚染原因者がそれらの措置を行う際の融資又は助成資金として用いるため，地下水汚染対策基金が設置されています（第 58 条）。事業場の設置者と汚染を引き起こした原因者を区別して両者に責任を追及するなど，徹底した汚染者負担に特色がある言えます。

地下水利用者から協力金を徴収

長野県安曇野市，神奈川県秦野市，同座間市，および京都府大山崎町の各条例は，地下水の採取者・利用者に協力金の納入を求めることができると定めています。地下水採取料の制度は1970 年代半ばに議論されましたが，国レベルでは導入に至りませんでした。そうした中，秦野市は，「地下水の保全及び利用の適正化に関する要綱」（1975 年）によって事業場と協定を結び，人工涵養などの地下水保全事業の費用に充てるため，従量制で協力金を徴収する仕組みを開始しました[4)]。

条例による地下水の「公水」化

我が国では，地下水利用権は土地所有権に附従するという解釈が広くなされてきました。このいわゆる「私水」論は利用者による過剰採取を導くと同時に，地下水の公的管理の妨げとなってきました（Q45, Q46 参照）。そうした中，一部の地下水条例は独自に地下水を「公水」，「公共水」などと定義し，地下水の公共性を宣言しています。例えば東京都では日野市，小金井市，板橋区，国分寺市の各条例がそうした規定を有しています。また，私的利用に対する公共的利用の優先を定める条例もあり，例えば沖縄県宮古島市の地下水条例は，渇水時には水道用水を他利用よりも優先すると明言しています（第２条）。

さらに，地下水管理に市民参加を確保しようとする条例もあります。例えば，国分寺市条例は，「湧水等保全審議会」の委員５人のうち２人以内を公募により選出された市民とすると定めています（第 15 条）。また，座間市条例は，地下水採取事業者と公募市民による「地下水保全連絡協議会」の設置を規定しています（第 31 条）。このように，地下水を公の財産として位置付けたり，市民の手による管理を推し進めようとしたりする条例が増えていることから，地下水は公共的な性格を強めつつあると見受けられます。

参考文献

1) 国土交通省水管理・国土保全局 水資源部（2018）：地下水関係条例の調査結果.
2) 国土交通省（2011）：地下水採取規制・保全に関する条例等の制定状況（速報）.
3) 環境省（2017）：地下水採取規制に関する条例等 項目（平成29年3月 31 日現在）.
4) 秦野市環境農政部（2003）：秦野市地下水総合保全管理計画.

日本の地下水政策はどのように変遷してきましたか？

Question 50

Answerer 千葉 知世

地下水開発技術の進歩と地下水の私有化

古来日本人は地下水・湧水を利用してきましたが，掘削技術が飛躍的に発展したのは江戸末期頃と言われています。江戸時代には，都市人口の増加に伴って飲料水需要が増大し，一方で用水の汚染や疫病が流行し，地下水需要が拡大しました。そして井戸掘り技術が急速に進歩し，「掘り抜き」による大規模採取が可能になったのです[1･2)]。

その後明治時代に入り，1873 年には地租改正が行われました。土地に税金をかけるにあたり，個人による土地の私的所有が権利として認められるようになりました。そして，明治憲法（1888 年）では所有権の不可侵が定められ（第 27 条），民法（1896 年）では所有権は自由な使用・収益・処分の権能を備えるものとされ（第 206 条），土地所有権はその土地の上下に及ぶと定められました（第 207 条）。さらに 1896 年には大審院で「地下水利用権は土地所有権に附従し，土地所有者は自由に地下水を利用できる」とする判断が示されました。これら一連の出来事は，いわゆる地下水「私水」論を蔓延させる土台になったと考えられます。

地下水利用の拡大

河川に目を転じてみると，地租改正と同年に，河川行政を国の事務として位置付ける「河港道路修築規則」が達せられています。運輸や発電などの河川事業は富国強兵・近代産業推進の根幹として国家的に重要性が高く，国が直接行ってきたのです（地下水が私的利用の下に置かれたのとは対照的）。そして，

1896年には旧河川法が制定されました。この際，水利用の許可制が導入されたものの，慣習的に認められてきた農業慣行水利権は温存されました[3)]。農業生産力の向上は明治政府にとって最重要課題の一つだったからです。

そうした中，日露戦争から第一次大戦の時期には各種用水需要が爆発的に増え，各省庁は利水法案を提出して農業用水の再配分を求めました。しかしながら，いずれも頓挫し，地表水を確保できなかった水需要の矛先が地下水に向くことになりました。

地盤沈下の発生，用水二法の制定

こうして地下水利用は拡大し，大正末期頃から特に沖積低地で水準点の低下が明確に認められるようになりました。1923年の関東大震災後には東京江東地区で激しい地盤沈下が確認され，大阪でも1927年の北丹後地震を契機に水準測量が開始され，地盤沈下が広く知られました。一部の学者は地盤沈下の原因として地下水の過剰汲み上げを指摘しましたが[4·5)]，第二次大戦に向かおうとする当時の日本では，地下水の利用制限につながりうる学説は受け入れられませんでした[6)]。しかし，皮肉にも戦争による産業活動の停止が地下水揚水量の激減をもたらし，地盤沈下が一時的に沈静化したことで，地下水の汲み上げと地盤沈下の因果性が認められたのです。

その後，戦後復興期から高度経済成長期にかけて地下水利用は再び急拡大し，各地で地盤沈下が発生しました。これに対し政府は用水二法（Q46参照）を制定しましたが，いずれも規制対象は限定的であり，規制の適用されない地域へ被害は拡がっていきました。

制度整備に向けた議論の活発化：自治体による独自規制の発展

1970 年代には，公害の深刻化を背景とした環境意識の高まり，そして公害対策基本法の制定（1967 年）を背景に，地下水に関する国家法の制定が盛んに議論されました。関係各省庁がこぞって地下水法案を提出し，中には地下水の公水化を志向したものや，地下水採取者に金銭的負担を課す法案もありました。しかしながら，戦後の国土総合開発の根幹をなした水資源開発においては，利害関係省庁が割拠しており，結局地下水法は合意に至りませんでした。

法律の整備が進まない中，地方自治体による条例の制定が進みました。例えば大阪市は，1959 年に全国に先駆けて地盤沈下防止条例を制定しました[7]（Q46 参照）。さらに，企業と自治体が共同して「地下水利用対策協議会」を設立し，官民一体で自主的に地下水保全に取り組む事例も出てきました。例えば，静岡県では 1967 年に岳南地域で，1969 年に大井川地域でそれぞれ協議会が設立されています。

水行政の再編と水循環基本法の制定：地下水政策のこれから

1980 年代には，高度経済成長の暗面として深刻な地下水汚染が全国各地で発覚しました。その後環境基本法の制定（1993 年）を契機に，水質，水量，生態系等を含む総合的なものとして水環境を捉える「健全な水循環」の概念が取り入れられ[3]，水循環の一部として地下水保全が志向されるようになりました（Q48 参照）。

しかしながら，実務の縦割り傾向は厳然と存在し，様々な弊害が生じてきました。そうした中，2014 年に制定された水循環基本法は，縦割りを廃した総合的な水管理の推進を理念として掲げ，地下水を含む水資源を「国民共有の貴重な財産であり，公共性の高いもの」と位置付けました（第３条）（Q47 参照）。これまで経済的資源として私有化され，時々の社会事情に翻弄《ほんろう》されてきた歴史を鑑みれば，地下水の公共性が国家法に謳われたことは大きな意義を有すると言えます。

地方自治体が国家的な管理体制の手薄を補うかのように独自に対策を講じてきたことで，我が国の地下水政策は実に多様性に富んでいます。これは我が国の地下水政策の最も重要な特徴の一つです。地域の多様性を損なわずに，水循環基本法の下でいかに国と自治体の連携を図り統合的な水循環保全体制を築くかが問われています。

参考文献
1）三田村宗樹・高橋　一（1993）：日本の地下水利用の歴史．水収支研究グループ（編）「地下水資源・環境論：その理論と実践」，共立出版．
2）堀越正雄（1981）：井戸と水道の話．論創社．
3）七戸克彦（2010）：わが国の水利権をめぐる新たな問題状況について．公営企業，**42**(5)，2-8.
4）宮部直巳（1937）：江東地区に於ける地盤沈下の原因に就いて．地震研究所彙報，**15**(1)，102-108.
5）広野卓蔵・和達清夫（1939）：西大阪の地盤沈下に就いて（第１報）．日本学術振興会災害科学研究所．
6）関陽太郎・小山　潤（1998）：関東平野中・北部地域における地盤沈下に関する新知見（地下水位変動―地盤変動のサイクル）．地質ニュース, **531**, 52-64.
7) 大阪市（2019）：大阪市公害年表.
http://www.city.osaka.lg.jp/kankyo/page/0000071917.html#stowa35（2016年5月27日アクセス）

あとがき

本書「みんなが知りたいシリーズ　地下水・湧水の疑問50」は，公益社団法人 日本地下水学会の設立60周年を記念して出版しました。

当学会においては，一般の方々の素朴な質問に答えるような形で，地下水について広く知ってもらえるような書籍の出版を計画してきました。そうした中で，湧水について一般向けの書籍の出版を検討している出版社があるとの情報がありました。そこで，もう少し広く地下水を対象とした形での出版が可能かどうか，企画委員会の委員を中心に４名（中島・井川・町田・島野）が集まり，出版計画の検討が始まりました。折しも，2019 年は日本地下水学会が設立 60 周年を迎えることもあり，その記念事業の一環としての出版が企画化され，理事会での検討・承認をえて実現の運びとなりました。こうして(株)成山堂書店における「みんなが知りたいシリーズ　地下水・湧水の疑問 50」として，本書の出版が決まりました。その後，上記の４名に五藤・山中を加えた６名からなる編集委員会を組織して，項目の確定や執筆者の人選などを進め，編集作業を執り行いました。執筆者は，これからの学会を担う中堅の世代を中心に，ベテランを加えた研究者・技術者ら計 34 名で構成されています。

こうして本書は2020年6月に出版となりましたが，学会設立60周年にちなみ，項目数はQuestionにTopicを加えると60個になるようにしてあります。しかしながら，まだまだ他にも取り上げるべき項目も多々ありました。そして，限られた頁数の中では選定に難しい点もあって，あきらめざるをえない項目もありましたが，地下水に関する大方の項目は取り上げられたと考えています。

最後に，執筆者の皆様には，今回の出版の趣旨にご賛同いただき，快く執筆をお引き受けいただきました。ここに記して謝意を表します。また，本書の出版に際しては，（株）成山堂書店ならびに編集担当の小野哲史氏に深甚なる謝意を表します。

2020年6月

「地下水・湧水の疑問50」編集委員会

委員長

島野　安雄

編集委員

中島　誠・井川怜欧

五藤幸晴・町田　功

山中　勝

索 引

※太字は詳細ページ

〔あ行〕

〔か行〕

〔さ行〕

〔た行〕

〔な行〕

〔は行〕

〔ま行〕

〔や行〕

〔ら行〕

執筆者略歴 （五十音順，＊は著編者）

愛知　正温（あいち　まさあつ）
1982年生まれ，博士（工学）（東京大学）
東京大学大学院新領域創成科学研究科講師

浅井　和由（あさい　かずよし）
1975年生まれ，博士（理学）（富山大学）
株式会社地球科学研究所

＊**井川　怜欧（いかわ　れお）**
1979年生まれ，博士（理学）（熊本大学）
国立研究開発法人産業技術総合研究所地質調査総合センター地圏資源環境研究部門地下水研究グループ主任研究員

石田　聡（いしだ　さとし）
1962年生まれ，博士（理学）（千葉大学）
国立研究開発法人農研機構農村工学研究部門地域資源工学研究領域長

板寺　一洋（いたでら　かずひろ）
1965年生まれ，理学修士（筑波大学）
神奈川県温泉地学研究所研究課長

浦越　拓野（うらこし　たくや）
1981年生まれ，修士（工学）（東京大学）
公益財団法人鉄道技術総合研究所構造物技術研究部トンネル研究室主任研究員

蛯原　雅之（えびはら　まさゆき）
1972年生まれ，博士（工学）（東京大学）
株式会社建設技術研究所上下水道部副参事

遠藤　崇浩（えんどう　たかひろ）
1974年生まれ，博士（法学）（慶應義塾大学）
大阪府立大学大学院人間社会システム科学研究科教授

小野　昌彦（おの　まさひこ）
1984年生まれ，博士（理学）（熊本大学）
国立研究開発法人産業技術総合研究所地質調査総合センター地圏資源環境研究部門地下水研究グループ研究員

利部　慎（かがぶ　まこと）
1982年生まれ，博士（理学）（熊本大学）
長崎大学環境科学部准教授

片山　泰樹（かたやま　たいき）
1980年生まれ，農学博士（北海道大学）
国立研究開発法人産業技術総合研究所地質調査総合センター地圏資源環境研究部門地圏微生物研究グループ主任研究員

小泉　尚嗣（こいずみ　なおじ）
1957年生まれ，理学博士（京都大学）
滋賀県立大学環境科学部教授

＊**五藤　幸晴（ごとう　ゆきはる）**
1959年生まれ，岐阜大学教育学部社会学科（地理学専攻）卒業
川崎地質株式会社取締役

齋藤　光代（さいとう　みつよ）
1980年生まれ，博士（学術）（広島大学）
岡山大学大学院環境生命科学研究科准教授

＊**島野　安雄（しまの　やすお）**
1948年生まれ，理学博士（東京教育大学）
文星芸術大学名誉教授

竹内　真司（たけうち　しんじ）
1965年生まれ，博士（工学）（埼玉大学）
日本大学文理学部教授

谷口　真人（たにぐち　まこと）
1959 年生まれ，理学博士（筑波大学）
総合地球環境学研究所副所長・教授

千葉　知世（ちば　ともよ）
1985 年生まれ，博士（地球環境学）（京都大学）
大阪府立大学大学院人間社会システム科学研究科准教授

徳永　貴大（とくなが　たかひろ）
1987 年生まれ，修士（理学）（熊本大学）
サンコーコンサルタント株式会社東日本支社地質部調査第二課技師

＊中島　誠（なかしま　まこと）
1965 年生まれ，博士（工学）（岡山大学）
国際航業株式会社フェロー

中谷　仁（なかたに　まさし）
1954 年生まれ，修士（理学）（千葉大学）
株式会社日さく東日本支社地質調査部技師長

長谷川智史（はせがわ　さとし）
1982 年生まれ，修士（理学）（千葉大学）
株式会社日さく東日本支社地質調査部環境地質課長

長谷川琢磨（はせがわ　たくま）
1969 年生まれ, 博士（環境学）（岡山大学）
一般財団法人電力中央研究所上席研究員

林　武司（はやし　たけし）
1970 年生まれ，博士（理学）（千葉大学）
秋田大学教育文化学部教授

古川　正修（ふるかわ　まさなお）
1971 年生まれ，修士（理学）（千葉大学）
国際航業株式会社公共コンサルタント事業部環境保全部地下水・水文グループ水循環担当課長

細野　高啓（ほその　たかひろ）
1976 年生まれ，博士（理学）（筑波大学）
熊本大学大学院先端科学研究部准教授

＊町田　功（まちだ　いさお）
1971 年生まれ，博士（理学）（千葉大学）
国立研究開発法人産業技術総合研究所地質調査総合センター地圏資源環境研究部門地下水研究グループ長

丸井　敦尚（まるい　あつなお）
1958 年生まれ，理学博士（筑波大学）
国立研究開発法人産業技術総合研究所元総括研究主幹

宮越　昭暢（みやこし　あきのぶ）
1976 年生まれ，博士（理学）（千葉大学）
国立研究開発法人産業技術総合研究所地質調査総合センター活断層・火山研究部門水文地質研究グループ主任研究員

藪崎　志穂（やぶさき　しほ）
1975 年生まれ、博士（理学）（筑波大学）
総合地球環境学研究所・福島大学客員准教授

＊山中　勝（やまなか　まさる）
1969 年生まれ，博士（理学）（筑波大学）
日本大学文理学部教授

吉岡　真弓（よしおか　まゆみ）
1981年生まれ，博士（工学）（東京大学）
国立研究開発法人産業技術総合研究所地質調査総合センター地下水研究グループ主任研究員

吉澤　拓也（よしざわ　たくや）
1969年生まれ，修士（工学）（東北大学）
日本工営株式会社基盤技術事業部地質部参事

吉田　広人（よしだ　ひろひと）
1982年生まれ，修士（理学）（大阪市立大学）
八千代エンジニヤリング株式会社事業開発本部主幹

みんなが知《し》りたいシリーズ⑬

地下水《ちかすい》・湧水《ゆうすい》の疑問《ぎもん》50

定価はカバーに表示してあります。

2020年6月28日　初版発行
2022年1月28日　3版発行

編　者　公益社団法人《こうえきしゃだんほうじん》日本《にほん》地下水学会《ちかすいがっかい》
発行者　小川　典子
印　刷　三和印刷株式会社
製　本　東京美術紙工協業組合

発行所 株式会社 成山堂書店

〒160-0012 東京都新宿区南元町4番51 成山堂ビル
TEL：03（3357）5861　FAX：03（3357）5867
URL　http://www.seizando.co.jp

ISBN978-4-425-98361-2

ソボクなギモンにこの1冊！

「みんなが知りたい」シリーズ ①〜⑫

シリーズ総計 647 の疑問に解答　充実のラインナップ！

ユネスコ無形文化遺産に登録された『和食』を影で支える発酵調味料や発酵食品に関する疑問に答える。

みんなが知りたいシリーズ⑫

発酵・醸造の疑問 50

東京農業大学

応用生物科学部醸造科学科　編

四六判・1,600 円

スマホ・GPS・Wi-Fiは電波をどのように使って動いているか、電波の専門家がわかりやすくお答えします！

みんなが知りたいシリーズ⑪

電波の疑問 50

—電波はスマホ・Wi-Fi・GPS にも必要？—

早川正士　著

四六判・1,600 円

たくさんの不思議が水草の魅力！最前線で活躍する 6 人の著者が答える 50 問。

みんなが知りたいシリーズ⑩

水草の疑問 50

筑波実験植物園　田中法生　監修

水草保全ネットワーク　著

四六判・1,600 円

クジラ・イルカの生態から文化まで、17 名の専門家が Q&A でわかりやすく解説！

みんなが知りたいシリーズ⑨

クジラ・イルカの疑問 50

加藤秀弘・中村 玄　編著

四六判・1,600 円

再生可能エネルギーや効率の良いエネルギーの作り方、利用方法を Q & A 式で解説！

みんなが知りたいシリーズ⑧

エネルギーと環境問題の疑問 55

刑部真弘　著

四六判・1,600 円

各地に点在する洞窟のコアな疑問に対して、9 名の専門家が解説！

みんなが知りたいシリーズ⑦

洞窟の疑問 30

—探検から観光、潜む生物まで、
のぞきたくなる未知の世界—

日本洞窟学会　監修

四六判・1,600 円

注目の放射性エアロゾルについて、3 名の専門家がくわしく解説！

みんなが知りたいシリーズ⑥

空気中に浮遊する放射性物質の疑問 25

—放射性エアロゾルとは—

日本エアロゾル学会　編

四六判・1,600 円

23名の専門家がわかりやすく回答。読めばあなたもエビ・カニ博士！

みんなが知りたいシリーズ⑤

エビ・カニの疑問 50

日本甲殻類学会　編

四六判・1,600 円

29 名の専門家がていねいに回答。読めば海博士になれること間違いなし！

みんなが知りたいシリーズ④

海水の疑問 50

日本海水学会　編

四六判・1,600 円

■定価は本体価格（税別）

■総合図書目録無料進呈